泛函分析

李素红 商美娟 武利猛 编著

燕山大学出版社

图书在版编目（CIP）数据

泛函分析/李素红，商美娟，武利猛编著. —秦皇岛：燕山大学出版社，2020.10
ISBN 978-7-5761-0068-6

I. ①泛… II. ①李… ②商… ③武… III. ①泛函分析－高等学校－教材
IV. ①O177

中国版本图书馆 CIP 数据核字（2020）第 196513 号

泛函分析

李素红　商美娟　武利猛　编著

出 版 人：	陈　玉
策划编辑：	朱红波
责任编辑：	朱红波
封面设计：	刘韦希
出版发行：	燕山大学出版社
地　　址：	河北省秦皇岛市河北大街西段 438 号
邮政编码：	066004
电　　话：	0335-8387555
印　　刷：	英格拉姆印刷(固安)有限公司
经　　销：	全国新华书店

开　　本：700mm×1000mm　1/16	印　张：10.25	字　数：156 千字
版　　次：2020 年 10 月第 1 版	印　次：2020 年 10 月第 1 次印刷
书　　号：ISBN 978-7-5761-0068-6
定　　价：38.00 元

版权所有　侵权必究
如发生印刷、装订质量问题，读者可与出版社联系调换
联系电话：0335-8387718

内容简介

这是一本泛函分析教材，是作者经多年教学实践，吸收国内高等学校使用同类教材教师的很多宝贵意见形成的，它系统地介绍了线性泛函分析的基础知识。全书共分为四章：距离空间、Banach空间、Banach 空间上的有界线性算子以及Hilbert空间。本书的主要特点是它侧重于分析若干基本概念和重要理论的来源和背景，强调培养读者运用泛函方法解决问题的能力，注意介绍泛函分析理论与数学其他分支的联系。书中包含丰富的例子与应用，对于掌握基础理论有很大帮助。

本书可作为高等院校数学专业和理工科专业"泛函分析"课程的教材，也可作为自学用书。

前 言

大家已经学过"数学分析",而且也学过密切联系于数学分析的"实变函数""复变函数"等课程,它们涉及的内容大体上成熟于19世纪,至迟到20世纪初,今天被归并于经典分析这一名称之下。经典分析的全部结果基于一个实质上很简单的思想:如果某个量难以被直接了解,那么就将它放在某个变化过程中考虑,然后通过对该过程的考察获得所求量的知识。因此,变量、函数、极限、连续性及由此派生的微分与积分等,构成经典分析的基本概念。

一个形式上类似但层次上更高的问题是:如果某个量(如函数$y = y(x)$)本身难以被直接了解,情况往往如此,那么,能否转而研究一族变动的变量,然后通过施于变量一定运算与极限过程,获得有关原变量的知识?从逻辑上看,这种考虑自然导致对"变量的变量"或"函数的函数"的研究,而这就进入了本书所要介绍的"泛函分析"的领域。

由此可见,在逻辑上,泛函分析原不过是经典分析的自然延伸,而从历史发展来看,泛函分析的胚胎早已孕育于经典分析的躯体中。远在经典分析的初创时期,对变分问题的研究已导致考虑泛函的极值。在数值分析中逐步成熟且广泛使用的逼近方法,愈来愈具有某种一般的特征,以致在一定算子理论框架下的统一处理成为不可避免。类似的趋势更明显地出现于范围广泛的数学物理问题中。到19世纪末,主要由微分方程与积分方程的研究所激发的"函数空间"与"连续变换"概念已经呼之欲出。来自各个领域的问题及解决方法所呈现的惊人类似性,有力地预示着新的综合不可避免。这一综合在20世纪终于由Frechet、Risez及Banach等人提出,泛函分析因此而诞生。

如果说,经典分析只是走过很长一段路程之后,作为其逻辑基础的实数理论才能得以奠定,那么,泛函分析一开始就建立在无限维空间的严格理论基础之上。无疑,这应当归功于19世纪获得重视并趋于成熟的公理化方法,Hilbert的《几何基础》乃是开启公理化时代的典范之作。简单地说,公理化方法将一庞大的理论大厦奠立于少数几个公理构成的基石上,公理的力量则源于人类经验的广泛背景。读者在学习初等几何时已初步体会过公理化的效果，而泛函分析课程将提供更系统的训练。

读者在学习这门课程之初，大概首先会注意到它与经典分析的类似性，试图循着极限、连续性这样熟悉的线索理解泛函分析的内容。这一想法应当得到适当的鼓励。通过与熟知事物的类比来了解新事物，常常是认知的有效方法。而且，正是函数空间与空间的高度类似，大大激发了泛函分析的早期作者开拓新理论的热情。即使在今天，适当的类比仍然是新思想的源泉。不过，读者在作这种类比时不可走得太远。你很快发现，无限维空间中的分析学具有许多本质上全新的特征，它们远非有限维问题所能比拟。你完全不应为此而烦恼，因唯是如此，你所学到的才真正是一门新的知识，而不是一门老课程的平行重复。

本书是为数学专业本科生或理工科学生初学泛函而写，根据我们的经验，按每周4学时，本书的基本内容可于一学期内讲授完毕。书中的应用与例子较多，教师可选讲其中一部分，其余部分则供有兴趣的读者参考。书中每一章配有一定数量的习题，其中有些是某些定理的证明细节，有些是学过定理证法的模仿，还有一些就是有趣的结论或有用的反例。读者可根据自己的情况选做练习。

编者因学识所限，加之初次尝试，谬误、片面之处一定不少。热诚欢迎读者批评指正。

2020年9月
于秦皇岛

目 录

第 1 章 距离空间 ... 1
- 1.1 距离空间的基本概念 ... 1
- 1.2 距离空间中的点集 ... 11
- 1.3 距离空间上的连续映射 ... 16
- 1.4 完备性 距离空间的完备化 ... 19
- 1.5 不动点定理 ... 25

第 2 章 Banach 空间 ... 35
- 2.1 赋范空间及其完备性 ... 35
- 2.2 具有基的 Banach 空间 ... 47
- 2.3 紧性 ... 50
- 2.4 有限维赋范线性空间 ... 54
- 2.5 商空间与积空间 ... 57
- 2.6 纲定理 ... 60

第 3 章 Banach 空间上的有界线性算子 ... 67
- 3.1 有界线性算子 ... 67
- 3.2 线性算子空间 ... 74
- 3.3 共鸣定理及其应用 ... 81
- 3.4 开映象定理与闭图像定理 ... 87
- 3.5 Hahn-Banach 定理及其推论 ... 94
- 3.6 对偶空间 共轭算子 ... 103

3.7 自反性 弱收敛 114
   3.8 紧算子 124

第 4 章 Hilbert 空间 135
   4.1 内积空间的基本概念与性质 136
   4.2 内积空间的特征 140
   4.3 内积空间中的正交和正交系 144

参考文献 153

第 1 章

距离空间

1.1 距离空间的基本概念

极限运算是数学分析中最重要的运算之一,我们来回忆分析中的极限概念:$\{x_n\}$是一个实数列,x是一个实数,如果对任意给定的$\varepsilon > 0$,存在自然数N,当$n > N$时,$|x_n - x| < \varepsilon$,我们就说当$n \to \infty$时,$\{x_n\}$以x为极限。在上面的定义中,$|x_n - x|$表示直线$\mathbf{R}$上的点x_n与点x之间的"距离",因此它可以重新叙述为:对任意给定的$\varepsilon > 0$,存在自然数N,当$n > N$时,x_n与x之间的"距离"小于ε。 类似地,平面R^2上的点列$x_n = (\xi_n, \eta_n)$,当$n \to \infty$时以点$x = (\xi, \eta)$为极限可以定义为:对于充分大的自然数n,点x_n与点x的"距离"可以任意小,不过这里点$x_n = (\xi_n, \eta_n)$与点$x = (\xi, \eta)$之间的距离为$\sqrt{(\xi_n - \xi)^2 + (\eta_n - \eta)^2}$。

从上面的例子可以看出,无论$\mathbf{R}$中的点还是$\mathbf{R}^2$中的点,甚至任意集合中的点,只要在其中定义了距离,就可以用它来衡量两点的接近程度,就可以在其中定义极限。事实上,在分析中当我们考虑用多项式序列来一致逼近闭区间$[a,b]$上的任一连续函数时,就曾用$\max\limits_{a \leqslant t \leqslant b} |p(t) - x(t)|$来表示多项式$p(t)$与函数$x(t)$之间的距离。由此可见,"距离"在极限运算中是至关重要的。我们把"距离"最基本的性质抽象化就得到了距离空间的概念。

1.1.1 定义及例

定义 1.1.1 设X是任一非空集合,对X中任意两点x, y,有一实数$d(x, y)$与之对应且满足:

(i)(非负性)$d(x,y) \geqslant 0$ 且 $d(x,y) = 0 \Leftrightarrow x = y$；

(ii)(对称性)$d(x,y) = d(y,x)$；

(iii)(三角不等式)$d(x,y) \leqslant d(x,z) + d(z,y)$。

称$d(\cdot,\cdot)$为X中的一个距离，定义了距离d的集合X称为距离空间，记为(X,d)。在不引起混淆的情形下，我们将(X,d)简记为X。条件(i)~(iii)称为距离公理，距离空间中的元素称为点。

现在设X为一距离空间，以d为距离，A为X的一非空子集，则A按照距离d也是一个距离空间，称它为X的子空间，如果$A \neq X$，则称它为X的真子空间。

值得注意的是，在任何一个非空集合X上，我们都可以定义距离。

例 1.1.1 离散空间D

设X是任一非空集，在X中定义距离如下：

$$d(x,y) = \begin{cases} 0, x = y, \\ 1, x \neq y \end{cases}$$

不难验证d是一个距离，从而(X,d)是一个距离空间，称这个空间为离散空间，用D表示。这种距离是最粗的，它只能区分X中任意两个元素是否相同，而不能区分元素间的接近程度。

下面给出常见距离空间的一些例子，其中有些在分析中起着重要的作用。

例 1.1.2 设X是n元实数组全体，定义

$$d(x,y) = \left(\sum_{k=1}^{n} |\xi_k - \eta_k|^2\right)^{\frac{1}{2}} \tag{1-1}$$

其中$x = (\xi_1, \xi_2, \cdots, \xi_n), y = (\eta_1, \eta_2, \cdots, \eta_n)$。

我们证明(X,d)是一个距离空间。为此我们需要验证d满足距离的三条公理。(i),(ii)显然成立，关键是证明三角不等式成立。

由Cauchy不等式，得
$$\sum_{k=1}^{n}(a_k+b_k)^2 = (\sum_{k=1}^{n}a_k{}^2) + 2\sum_{k=1}^{n}a_k b_k + (\sum_{k=1}^{n}b_k{}^2)$$
$$\leqslant \sum_{k=1}^{n}a_k{}^2 + 2[(\sum_{k=1}^{n}a_k{}^2)(\sum_{k=1}^{n}b_k{}^2)]^{\frac{1}{2}} + \sum_{k=1}^{n}b_k{}^2$$
$$= [(\sum_{k=1}^{n}a_k{}^2)^{\frac{1}{2}} + (\sum_{k=1}^{n}b_k{}^2)^{\frac{1}{2}}]^2$$

设$x = (\xi_1,\xi_2,\cdots,\xi_n), y = (\eta_1,\eta_2,\cdots,\eta_n), z = (\rho_1,\rho_2,\cdots,\rho_n)$是任意三点，在以上不等式中令$a_k = (\xi_k - \rho_k), b_k = (\rho_k - \eta_k)$，则
$$[\sum_{k=1}^{n}(\xi_k-\eta_k)^2]^{\frac{1}{2}} \leqslant [\sum_{k=1}^{n}(\xi_k-\rho_k)^2]^{\frac{1}{2}} + [\sum_{k=1}^{n}(\rho_k-\eta_k)^2]^{\frac{1}{2}}$$

即$d(x,y) \leqslant d(x,z) + d(z,y)$。

所以(X,d)是一个距离空间，以后把这个空间简记为$\mathbf{R}^n$；本节开头提到的$\mathbf{R}^1, \mathbf{R}^2$都是$\mathbf{R}^n$的特殊情形。

在集合$\mathbf{R}^n$中，我们还可以引入如下的距离：
$$d_1(x,y) = \max_{1\leqslant k\leqslant n}|\xi_k - \eta_k| \tag{1-2}$$

d_1也满足距离公理的全部条件，故$\mathbf{R}^n$按照d_1也是一个距离空间。

上述例1.1.2告诉我们，在一个集合中，定义距离的方式不是唯一的。一般地说，如果在一个非空集合X中定义了距离d与d_1，当$d(x,y) \neq d_1(x,y)$时，那么X按照d与d_1所成的两个距离空间必须看成不同的。因此，$\mathbf{R}^n$按照d及d_1是两个不同的距离空间。

类似于例1.1.2中的$\mathbf{R}^n$，我们还可以考虑复数的情形。假设$\mathbf{C}^n$是由所有n维复向量$(\xi_1,\xi_2,\cdots,\xi_n)$组成的集合，这里$\xi_k(k=1,2,\cdots,n)$都是复数。对$\mathbf{C}^n$中的任意两个向量$\boldsymbol{x} = (\xi_1,\xi_2,\cdots,\xi_n)$及$\boldsymbol{y} = (\eta_1,\eta_2,\cdots,\eta_n)$，我们仍用式(1-1)定义它们之间的距离，即
$$d(x,y) = (\sum_{k=1}^{n}|\xi_k - \eta_k|^2)^{\frac{1}{2}}$$

与实数情形一样，由复数情形的Cauchy不等式：
$$(\sum_{k=1}^{n}|a_k b_k|)^2 \leqslant (\sum_{k=1}^{n}|a_k|^2)(\sum_{k=1}^{n}|b_k|^2)$$

其中 $a_k, b_k(k=1,2,\cdots,n)$ 均为复数,得
$$[\sum_{k=1}^n |a_k+b_k|^2]^{\frac{1}{2}} \leqslant [\sum_{k=1}^n |a_k|^2]^{\frac{1}{2}} + [\sum_{k=1}^n |b_k|^2]^{\frac{1}{2}}$$
于是又可得到三角不等式 $d(x,y) \leqslant d(x,z) + d(z,y)$。

这里 x,y,z 均属于 $\mathbf{C}^n$。因此按照式(1-1)定义的距离 d,$\mathbf{C}^n$ 是距离空间。

当 $n=1$ 时,$\mathbf{R}^1,\mathbf{C}^1$ 分别记为 $\mathbf{R},\mathbf{C}$。

今后凡不特殊声明时,均取式(1-1)分别作为 $\mathbf{R}^n,\mathbf{C}^n$ 中的距离。

例 1.1.3 考虑区间 $[a,b]$ 上所有连续函数构成的集合

设 $x(t), y(t)$ 是 $[a,b]$ 上任意两个连续函数,定义
$$d(x,y) = \max_{a \leqslant t \leqslant b} |x(t)-y(t)| \tag{1-3}$$
由于 $x(t)-y(t)$ 也是 $[a,b]$ 上的连续函数,因此有最大值。距离公理(i)、(ii)显然成立。设 $x(t), y(t), z(t)$ 是 $[a,b]$ 上任意三个连续函数,则 $\forall t \in [a,b]$,
$$|x(t)-y(t)| \leqslant |x(t)-z(t)| + |z(t)-y(t)|$$
$$\leqslant \max_{a \leqslant t \leqslant b} |x(t)-z(t)| + \max_{a \leqslant t \leqslant b} |z(t)-y(t)| = d(x,z) + d(z,y)$$
所以
$$d(x,y) = \max_{a \leqslant t \leqslant b} |x(t)-y(t)| \leqslant d(x,z) + d(z,y)$$
$[a,b]$ 上的连续函数全体赋予上述距离 d 是一个距离空间,记为 $C[a,b]$。

例 1.1.4 $L^p[a,b](1 \leqslant p < \infty)$

考虑区间 $[a,b]$ 上 p 次幂Lebesgue可积函数类全体,两个几乎处处相等的 p 次幂可积函数在 $L^p[[a,b]$ 中视为同一元素。现在指出,如果对 $L^p[a,b]$ 中任意两个元素 x,y,令
$$d(x,y) = (\int_a^b |x(y)-y(t)|^p \mathrm{d}t)^{\frac{1}{p}} \tag{1-4}$$
则 d 满足距离公理的全部条件。因此 $L^p[a,b]$ 按照距离 d 是一个距离空间。d 满足距离公理中的条件(i)、(ii)是明显的,故只需验证三角不等式。

任取 $x,y,z \in L^p[a,b]$，由Minkowski不等式，便有

$$(\int_a^b |x(y)-y(t)|^p \mathrm{d}t)^{\frac{1}{p}} \leqslant (\int_a^b |x(y)-z(t)|^p \mathrm{d}t)^{\frac{1}{p}} + (\int_a^b |z(y)-y(t)|^p \mathrm{d}t)^{\frac{1}{p}}$$

即

$$d(x,y) \leqslant d(x,z) + d(z,y)$$

因此三角不等式成立。故 $L^p[a,b]$ 按照 d 确实是一个距离空间。

例 1.1.5 空间 $L^\infty[a,b]$

称定义在可测集 $[a,b]$ 上的可测函数 $x(\cdot)$ 是本性有界的，是指存在着 $[a,b]$ 的某个零测度子集 E_0，使得 $x(\cdot)$ 在集合 $[a,b]\setminus E_0$ 上有界。$[a,b]$ 上所有本性有界可测函数构成的集用 $L^\infty[a,b]$ 表示，几乎处处相等的两个本性有界的可测函数看作同一元素。对 $L^\infty[a,b]$ 中任意两个元素 x,y，令

$$d(x,y) = \inf_{mE_0=0, E_0 \subset [a,b]} \{\sup_{t\in[a,b]\setminus E_0} |x(t)-y(t)|\} \tag{1-5}$$

需要验证 d 满足距离公理的条件。我们只验证三角不等式。设 $x,y,z \in L^\infty[a,b]$，任给 $\varepsilon > 0$，存在 $E_0, E_1 \subset [a,b], mE_0 = mE_1 = 0$，使

$$\sup_{t\in[a,b]\setminus E_0} |x(t)-z(t)| \leqslant d(x,z) + \frac{\varepsilon}{2}$$

$$\sup_{t\in[a,b]\setminus E_1} |x(t)-y(t)| \leqslant d(x,y) + \frac{\varepsilon}{2}$$

注意到 $m(E_0 \bigcup E_1) = 0$，于是

$$d(x,y) \leqslant \sup_{t\in[a,b]\setminus(E_0 \bigcup E_1)} |x(t)-y(t)|$$

$$\leqslant \sup_{t\in[a,b]\setminus(E_0 \bigcup E_1)} |x(t)-z(t)| + \sup_{t\in[a,b]\setminus(E_0 \bigcup E_1)} |z(t)-y(t)|$$

$$\leqslant \sup_{t\in[a,b]\setminus E_0} |x(t)-z(t)| + \sup_{t\in[a,b]\setminus E_1} |z(t)-y(t)| \leqslant d(x,z) + d(z,y) + \varepsilon$$

令 $\varepsilon \to 0$，得

$$d(x,y) \leqslant d(x,z) + d(z,y)$$

三角不等式成立。因此按照式(1-5)定义的距离 d，$L^\infty[a,b]$ 确为距离空间。

例 1.1.6 空间 $l^p(1 \leqslant p < \infty)$

令 l^p 是由满足下列条件的实（或复）数序列 $x = \{\xi_1, \xi_2, \cdots, \xi_n, \cdots\}$ 构成的集合：

$$\sum_{n=1}^{\infty} |\xi_n|^p < \infty$$

若对 l^p 中任意两个元素 x, y，令

$$d(x, y) = \left[\sum_{n=1}^{\infty} |\xi_n - \eta_n|^p\right]^{\frac{1}{p}} \tag{1-6}$$

其中 $x = \{\xi_1, \xi_2, \cdots, \xi_n, \cdots\}$，$y = \{\eta_1, \eta_2, \cdots, \eta_n, \cdots\}$，则 l^p 按照距离 d 是一个距离空间。事实上，d 满足距离公理中的条件(i)、(ii)是明显的，故只需验证三角不等式。任取 $x, y, z \in l^p$，由离散形式的Minkowski不等式

$$\left(\sum_{n=1}^{\infty} |\xi_n + \eta_n|^p\right)^{\frac{1}{p}} \leqslant \left(\sum_{n=1}^{\infty} |\xi_n|^p\right)^{\frac{1}{p}} + \left(\sum_{n=1}^{\infty} |\eta_n|^p\right)^{\frac{1}{p}}$$

可知

$$\left(\sum_{n=1}^{\infty} |\xi_n - \eta_n|^p\right)^{\frac{1}{p}} = \left(\sum_{n=1}^{\infty} |\xi_n - \rho_n + \rho_n - \eta_n|^p\right)^{\frac{1}{p}}$$
$$\leqslant \left(\sum_{n=1}^{\infty} |\xi_n - \rho_n|^p\right)^{\frac{1}{p}} + \left(\sum_{n=1}^{\infty} |\rho_n - \eta_n|^p\right)^{\frac{1}{p}}$$

即

$$d(x, y) \leqslant d(x, z) + d(z, y)$$

三角不等式成立。因此 l^p 按照式(1-6)定义的距离 d 确为距离空间。

例 1.1.7 空间 l^∞

令 l^∞ 是由一切有界的实（或复）数列构成的集合。任取 l^∞ 中的两个元素 $x = \{\xi_1, \xi_2, \cdots, \xi_n, \cdots\}$，$y = \{\eta_1, \eta_2, \cdots, \eta_n, \cdots\}$，令

$$d(x, y) = \sup_{1 \leqslant n < \infty} |\xi_n - \eta_n| \tag{1-7}$$

不难证明式(1-7)中的 d 满足距离公理的全部条件，因此 l^∞ 按照式(1-7)定义的距离 d 是一个距离空间。

例 1.1.8 空间 s

考虑实数列 $\{\xi_n\}$ 的全体。设 $x = \{\xi_n\}, y = \{\eta_n\}$ 是两个实数列，令

$$d(x, y) = \sum_{n=1}^{\infty} \frac{1}{2^n} \cdot \frac{|\xi_n - \eta_n|}{1 + |\xi_n - \eta_n|} \tag{1-8}$$

上式右边的 $\frac{1}{2^n}$ 是一收敛因子，保证级数收敛，距离公理的(i)、(ii)显然成立，为证三角不等式，考虑 $(0,\infty)$ 上的函数 $\varphi(t)=\frac{t}{1+t}$，易见 $\varphi'(t)=\frac{1}{(1+t)^2}>0$，所以 $\varphi(t)$ 是单增的，由此，设 $x=\{\xi_n\}, y=\{\eta_n\}, z=\{\rho_n\}$，由于

$$|\xi_n-\eta_n|\leqslant|\xi_n-\rho_n|+|\rho_n-\eta_n|$$

则有

$$\frac{|\xi_n-\eta_n|}{1+|\xi_n-\eta_n|}\leqslant\frac{|\xi_n-\rho_n|+|\rho_n-\eta_n|}{1+|\xi_n-\rho_n|+|\rho_n-\eta_n|}$$

$$=\frac{|\xi_n-\rho_n|}{1+|\xi_n-\rho_n|+|\rho_n-\eta_n|}+\frac{|\rho_n-\eta_n|}{1+|\xi_n-\rho_n|+|\rho_n-\eta_n|}$$

$$\leqslant\frac{|\xi_n-\rho_n|}{1+|\xi_n-\rho_n|}+\frac{|\rho_n-\eta_n|}{1+|\rho_n-\eta_n|}$$

在上不等式两边同乘 $\frac{1}{2^n}$ 并求和，则得

$$d(x,y)=\sum_{n=1}^\infty\frac{1}{2^n}\cdot\frac{|\xi_n-\eta_n|}{1+|\xi_n-\eta_n|}$$

$$\leqslant\sum_{n=1}^\infty\frac{1}{2^n}\cdot\frac{|\xi_n-\rho_n|}{1+|\xi_n-\rho_n|}+\sum_{n=1}^\infty\frac{1}{2^n}\cdot\frac{|\rho_n-\eta_n|}{1+|\rho_n-\eta_n|}=d(x,z)+d(z,y)$$

则三角不等式成立。因此 s 按照式(1-8)定义的距离构成距离空间。

例 1.1.9 空间 S

设 $E\subset R$ 是一个Lebesgue可测集，$0<m(E)<\infty$，考虑 E 上几乎处处有穷的可测函数全体，其中凡几乎处处相等的函数看成同一元，令

$$d(x,y)=\int_E\frac{|x(t)-y(t)|}{1+|x(t)-y(t)|}\mathrm{d}t \tag{1-9}$$

与例 1.1.8 的证明类似，S 按照式(1-9)定义的距离构成距离空间。

注 通过以上几个例子我们看到，为了验证一个赋予函数 d 的非空集是一个距离空间，只需验证满足距离的三条公理，通常比较困难的是证明三角不等式。一个距离空间可以是任意一个非空集，只要其中定义满足距离三条公理的函数 d 即可，即在一个非空集上，我们可以随意地定义距离（如例 1.1.1，离散空间 D）。特别地，距离不是唯一的，即使同一集

也可以引进不同的距离，从而得到不同的距离空间（如例 1.1.2），又如在$C[a,b]$中，如果定义

$$d_1(x,y) = \int_a^b |x(t) - y(t)| \mathrm{d}t \tag{1-10}$$

不难验证d_1是一个距离，于是我们得到一个新的距离空间。我们认为这个空间与例 1.1.2 中的空间是两个不同的距离空间。实际上，距离的定义是任意的，但是在每一个具体场合下，选择这样或那样的距离总是依据所研究的极限过程的需要引进的，关于这一点下面我们还要继续讨论。

1.1.2 距离空间中的收敛概念

定义 1.1.2 设$\{x_n\}$为距离空间X中的一个点列（或称序列）($n = 1, 2, \cdots$)，如果存在X中的点x_0使得当$n \to \infty$时，$d(x_n, x_0) \to 0$，就称点列$\{x_n\}$收敛于x_0，记为

$$\lim_{n \to \infty} x_n = x_0 \quad \{x_n\} \to x_0$$

有时简记为$x_n \to x_0$，称x_0为$\{x_n\}$的极限。

下面我们证明有关极限的几个简单性质。

定理 1.1.1 距离空间X中的点列$\{x_n\}$最多只能收敛于一个点，因此收敛点列的极限是唯一的。

证 设$\{x_n\}$收敛于两个点x_0, y_0，则对于任给的$\varepsilon > 0, \exists N$，使得当$n > N$时，

$$d(x_n, x_0) < \varepsilon, d(x_n, y_0) < \varepsilon$$

由三角不等式可得

$$d(x_0, y_0) \leqslant d(x_0, x_n) + d(x_n, y_0) < 2\varepsilon \quad (n > N)$$

由ε的任意性，知$d(x_0, y_0) = 0$，故$x_0 = y_0$。因此收敛点列的极限是唯一的。证毕。

定理 1.1.2 设距离空间X中的点列$\{x_n\}$收敛于x_0，则$\{x_n\}$的任一子列(或称子点列、子序列)$\{x_{n_k}\}$也收敛于x_0。

证 设$\{x_{n_k}\}$是$\{x_n\}$的任一子列，因$\{x_n\}$收敛于x_0，则对于任意$\varepsilon > 0, \exists N$，使得当$k > N$时，$d(x_k, x_0) < \varepsilon$，由于$n_k > k$，故当$k > N$时，更

有$n_k > N$，故$d(x_{n_k}, x_0) < \varepsilon$，这表明$\{x_{n_k}\}$也收敛于$x_0$。证毕。

定理 1.1.3 设距离空间X中的点列$\{x_n\}$收敛于x_0，则对于X中的任一点y_0，数列$\{d(x_n, y_0)\}$有界。

证 $\{d(x_n, x_0)\}$作为收敛数列是有界的，故存在$M > 0$，使得$d(x_n, x_0) \leqslant M$对一切n成立。于是
$$d(x_n, y_0) \leqslant d(x_n, x_0) + d(x_0, y_0) \leqslant M + d(x_0, y_0)$$
证毕。

下面我们看一看前面列举的几个具体的距离空间中收敛性的含义。

在空间$\mathbf{R}^n$中，易见点列的收敛就是按坐标收敛。

在离散空间D中，$\{x_n\}$收敛于x_0，当且仅当，从某一下标开始$\{x_n\}$为常驻列。

事实上，如果$x_n \to x_0 (n \to \infty)$，取$\varepsilon = \frac{1}{2}$，则存在$N$，当$n > N$时，$d(x_n, x_0) < \frac{1}{2}$，由此当$n \geqslant N$时，$x_n = x_0$，反之显然。

空间S中的收敛等价于函数列依测度收敛。

设$x_n \to x_0 (n \to \infty)$，则对于任意的$\sigma > 0$，由于
$$d(x_n, x_0) = \int_E \frac{|x_n(t) - x_0(t)|}{1 + |x_n(t) - x_0(t)|} \mathrm{d}t$$
$$\geqslant \int_{\{t \in E : |x_n(t) - x_0(t)| \geqslant \sigma\}} \frac{|x_n(t) - x_0(t)|}{1 + |x_n(t) - x_0(t)|} \mathrm{d}t$$
$$\geqslant \frac{\sigma}{1+\sigma} m\{t \in E : |x_n(t) - x_0(t)| \geqslant \sigma\}$$

所以，当$n \to \infty$时，$m\{t \in E : |x_n(t) - x_0(t)| \geqslant \sigma\} \to 0$，即$\{x_n\}$在$E$上依测度收敛于$x_0(t)$。

反之，设$\{x_n(t)\}$在上依测度收敛于$x_0(t)$，则对$\forall \varepsilon > 0$及$\forall \sigma > 0$，由于
$$d(x_n, x_0) = \int_E \frac{|x_n(t) - x_0(t)|}{1 + |x_n(t) - x_0(t)|} \mathrm{d}t$$
$$\leqslant \frac{\sigma}{1+\sigma} mE + \int_{\{t \in E : |x_n(t) - x_0(t)| \geqslant \sigma\}} \frac{|x_n(t) - x_0(t)|}{1 + |x_n(t) - x_0(t)|} \mathrm{d}t$$
$$\leqslant \frac{\sigma}{1+\sigma} mE + m\{t \in E : |x_n(t) - x_0(t)| \geqslant \sigma\}$$

先选取σ，使$\frac{\sigma}{1+\sigma} mE < \frac{\varepsilon}{2}$，再对上述$\sigma$选取自然数$N$，使得当$n > N$时，$m\{t \in E : |x_n(t) - x_0(t)| \geqslant \sigma\} < \frac{\varepsilon}{2}$，于是当$n > N$时，
$$d(x_n, x_0) < \frac{\varepsilon}{2} + \frac{\varepsilon}{2} = \varepsilon$$

即 $d(x_n, x_0) \to 0 (n \to \infty)$。

对于 $C[a,b]$(距离由等式(1-3)定义)来说，其中的点列 $\{x_n\}$ 收敛于点 x_0 的充分必要条件是：作为函数列 $\{x_n(t)\}$ 在 $[a,b]$ 上一致收敛于函数 $x_0(t)$。

事实上，设 $\{x_n\}$ 按照距离公式(1-3)收敛于 x_0，则当 $n \to \infty$ 时，
$$\max_{a \leqslant t \leqslant b} |x_n(t) - x_0(t)| \to 0$$
于是对 $\forall \varepsilon > 0, \exists N$，当 $n > N$ 时，$\forall t \in [a,b]$，有
$$|x_n(t) - x_0(t)| \leqslant \max_{a \leqslant t \leqslant b} |x_n(t) - x_0(t)| < \varepsilon$$
即函数列 $\{x_n(t)\}$ 在 $[a,b]$ 上一致收敛于函数 $x_0(t)$。反之，如果 $\{x_n(t)\}$ 一致收敛于 $x_0(t)$，则 $d(x_n, x_0) \to 0$ $(n \to \infty)$。

在 $C[a,b]$ 中还可以定义距离(1-10)，但相应的收敛概念就不与一致收敛等价。首先，容易看出，$C[a,b]$ 按照式(1-10)定义的距离 d_1 构成距离空间而且是 $L^2[a,b]$ 的子空间，在 $C[a,b]$ 中取函数列
$$x_n(t) = \frac{1}{(b-a)^n}(t-a)^n \quad (t \in [a,b], n = 1, 2, \cdots,)$$
由Lebesgue控制收敛定理，$\{x_n\}$ 按照距离 d_1 收敛于 $C[a,b]$ 中的零元素，但作为函数列，$\{x_n(t)\}$ 显然不一致收敛。因此，在 $C[a,b]$ 中，按照距离 d_1 导出的收敛概念不等价于一致收敛。

迄今为止，我们已引进了距离及距离空间，在此基础上又引进了收敛概念，并讨论了一些有关的性质，概括起来，我们应当注意以下几点：

1. 对于任何一个非空集合，我们都可以定义距离，但是一般来说，我们应当根据该集合的特点适当地引进距离以充分反映这些特点。例如，对 $C[a,b]$，我们常说用等式(1-3)定义距离；对于 $L^p[a,b]$，我们常常用等式(1-5)定义距离，等等。只有这样，在理论上和实际上才有较大的意义。

2. 定义距离的方式一般来说不是唯一的。

3. 如果一个非空集合中定义了两个或两个以上的距离，那么由它们导出的收敛概念可以一致也可以不一致。

1.2 距离空间中的点集

设 X 是距离空间，本节的任务是：借助于平常的几何术语，对 X 中点集的构造给出某种形象化的描述，所述内容对于整个泛函分析都是很基本的，今后几乎随时用到。

1.2.1 点集

定义 1.2.1 距离空间 X 中的点集

$$\{x: d(x, x_0) < r\} \quad (r > 0) \tag{1-11}$$

叫作以 x_0 为中心，以 r 为半径的开球，这里 x_0 是 X 中给定的点，如果式(1-11)中将"<"换成"≤"，则相应的点集 $\{x: d(x,x_0) < r\}$ $(r>0)$ 叫作以 x_0 为中心，以 r 为半径的闭球。上述开球与闭球分别用 $S(x_0, r), \overline{S}(x_0, r)$ 表示。以 x_0 为中心，以正数 r 为半径的开球又称 x_0 的一个球形邻域，简称邻域。

有了邻域的概念，便可以引进内点、外点、接触点等概念。

定义 1.2.2 设 $A \subset X, x \in X$，

(i) 若存在 x 的一个邻域 $S(x, \varepsilon) \subset A$，则称 x 为 A 内点，A 的内点之全体称为 A 的内部，记为 A^0。

(ii) 若对于 x 的任意邻域 $S(x, \varepsilon)$，有 $A \bigcap S_\varepsilon(x) \neq \emptyset$，则称 x 为 A 的接触点，A 的接触点之全体称为 A 的闭包，记为 $\overline{A}$。

(iii) 若对于 x 的任意邻域 $S(x, \varepsilon)$，有 $A\setminus\{x\} \bigcap S_\varepsilon(x) \neq \emptyset$，则称 x 为 A 的聚点或极限点(即若 $x \in \overline{A\setminus\{x\}}$)。$A$ 的聚点之全体称为 A 的导集，记为 A'。

(iv) 若 $x \in A$ 但不是 A 的聚点，则称 x 为 A 的孤立点。

(v) 若存在 x 的某邻域 $S(x, \varepsilon)$，使得 $S(x, \varepsilon) \bigcap A = \emptyset$，则称 x 为 A 的外点。

如果设想 A 是通常的平面（或空间）图形，则关于内部、闭包等概念的直观印象是极为明显的，正是这种直观印象为理解上述概念提供了主要的启示，值得充分利用，但也应注意，不要以直观印象来代替逻辑论证。

注 我们引进了一个给定集合A的内点、外点、接触点、聚点与孤立点等概念，容易看出，内点与外点是两个不相容的概念，聚点与孤立点也是两个不相容的概念，而接触点则可以是聚点也可以是孤立点。还容易看出，一个集合的闭包恰由它的全部聚点（可能属于这个集合，也可能不属于这个集合）与它的全部孤立点（必属于这个集合）组成。

例 1.2.1 设X是数直线，即$X = \mathbf{R}$。若$A = \{1, \frac{1}{2}, \cdots, \frac{1}{n}, \cdots\}$，则对于每个$n$，$\frac{1}{n}$都是$A$的孤立点，$0$是$A$的聚点，但不属于$A$。设$B$是区间$(0,1]$，则闭区间$[0,1]$中的一切点都是$B$的聚点，$(0,1)$中的一切点都是它的内点，因此聚点可以是内点也可以不是内点。

例 1.2.2 设$X = \{0, 1, 2, \cdots, n, \cdots\}$，即$X$为全部非负整数组成的集合，在$X$中定义距离如下：

$$d(x,y) = |x-y| \quad (x, y \in X)$$

显然，X按照距离d为一距离空间而且是$\mathbf{R}$的子空间，X中的一切点都是它的孤立点，当然也是它的内点，由此可见内点与孤立点并非两个互相排斥的概念。

同一概念可以从多种角度来刻画，以闭包概念为例说明如下：

命题 1.2.1 设$A \subset X$，$x \in X$，则下列条件互相等价：

(i) $x \in \overline{A}$；

(ii) 存在序列$\{x_n\} \subset A$，使$x_n \to x (n \to \infty)$；

(iii) $d(x, A) = 0$；

(iv) $x \in A \bigcup A'$。

证 (i) $\Longrightarrow$ (ii)：若$x \in \overline{A}$，则依定义，$\forall n \in N, \exists x_n \in A \bigcap S_{\frac{1}{n}}(x)$。于是，$\{x_n\} \subset A$且$x_n \to x (n \to \infty)$。

(ii) $\Longrightarrow$ (iii)：若$\{x_n\} \subset A, x_n \to x(n \to \infty)$，则

$$d(x, A) \leqslant d(x, x_n) \to 0 \quad (n \to \infty)$$

这推出$d(x, A) = 0$。

(iii) $\Longrightarrow$ (iv)：若$d(x, A) = 0$，则必有$x_n \in A(n = 1, 2, \cdots)$，使$d(x, x_n) \to 0(n \to \infty)$。若$x \overline{\in} A$，则必有$x \neq x_n(n = 1, 2, \cdots)$。于是

对任给 $r > 0$,当 n 充分大时,$x_n \in (A\backslash\{x\})\bigcap S_r(x)$,这表明 $x \in \overline{A\backslash\{x\}}$,即 $x \in A'$。

(iv)$\Longrightarrow$(i): 设 $x \in A\bigcup A'$,若 $x \in A$,则显然 $x \in \overline{A}$。若 $x \in A'$,则 $x \in \overline{A\backslash\{x\}} \subset \overline{A}$。

现在引进点集论中最重要的概念。

定义 1.2.3 设 $A \subset X$,

(i) 若 $A = A^0$,则称 A 为开集;

(ii) 若 $A = \overline{A}$,则称 A 为闭集。

结合定义 1.2.1、1.2.3 易得出以下结论:

1. A 是开集 $\Leftrightarrow A \subset A^0 \Leftrightarrow A$ 中每一个点是内点。直观上,A 是开集意味着 A 包含 x 时亦必包含 x 邻近的点。因此,"微小的扰动"不会使 A 中的点逸出 A 外。鉴于此,开集常用来表达某种性质的"稳定性"。例如,在 n 阶实矩阵的空间 $\mathbf{R}^{n \times n}$ 中,可逆矩阵之全体构成一开集,这意味着,矩阵的"可逆性"是一稳定性质,它不会因微小扰动而被破坏。这样的结论在实际问题中无疑是很有意义的。

2. A 是闭集 $\Leftrightarrow \overline{A} \subset A \Leftrightarrow \partial A \subset A \Leftrightarrow A' \subset A \Leftrightarrow A$ 中任何序列的极限属于 A。因此,闭集可刻画为"对极限运算封闭"的集。例如,在空间 $C[a,b]$ 中,非负函数组成一闭集,因为当 $u_n \geqslant 0 (n = 1, 2, \cdots)$,$u_n \to u(n \to \infty)$ 时有 $u \geqslant 0$,而"正函数"不组成闭集。

关于开集、闭集运算性质的以下结果有基本的重要性。

定理 1.2.1 (i) 设 $A \subset X$,则 A 是开集 $\Leftrightarrow A^c$ 是闭集。

(ii) X 中任意个开集的并及有限个开集的交是开集。

(iii) X 中任意个闭集的交及有限个闭集的并是闭集。

证 自证。

例 1.2.3 现在考虑比例 1.2.2 更一般的情形,设 X 为一离散的距离空间,即 X 中的距离由下面的等式给出:

$$d(x,y) = \begin{cases} 0, x = y \\ 1, x \neq y \end{cases}$$

这里x,y均属于X。

根据这个定义，X中的每个点既是它的内点也是它的孤立点。每个单元素集都是开集。再由X中的每个点为孤立点这一性质可知，每个单元素集必定为闭集，因此每个单元素集既开又闭。

例 1.2.4 设$X = (0,1] \bigcup [2,3)$，距离定义为
$$d(x,y) = |x-y| \quad (x,y \in X)$$

因此X为$\mathbf{R}$的子空间。$(0,1]$及$[2,3)$都是X中既开且闭的集，X中以1为中心、$\frac{1}{2}$为半径的开球是区间$(\frac{1}{2}, 1]$。

1.2.2 稠密性与可分性

定义 1.2.4 设A, B均为距离空间X的子集，如果$A \subset \overline{B}$，则称B在A中稠密。

稠密性概念可以换成下面几种等价的说法：

(1) 对于任意的$x \in A$及任意的$\varepsilon > 0$，存在B中的点y使得$d(x,y) < \varepsilon$；

(2) 对于任给的$\varepsilon > 0$，以B中的每个点为中心，以ε为半径的全部开球的并包含A；

(3) 对于任意的$x \in A$，存在B中的点列$\{x_n\}$收敛于x。

应当注意，在稠密性的定义中，并不要求$B \subset A$，B与A甚至可以没有公共点。同时，稠密性还有传递性，即对X中的点集A, B, C，若B在A中稠密，C在B中稠密，则C在A中稠密。

例 1.2.5 1. n维欧氏空间$\mathbf{R}^n$中坐标为有理数的点的全体在$\mathbf{R}^n$中稠密。

2. 连续函数空间$C[0,1]$中伯恩斯坦多项式全体在$C[0,1]$中稠密。

3. 设E为有界可测集，则E上简单函数的全体在$L^p(E)$中稠密。

利用稠密性概念可以定义距离空间的可分性。

定义 1.2.5 距离空间X称为可分的，是指在X中存在一个稠密的可列子集。$A \subset X$称为可分的，若A本身作为距离空间（以X的距离为距离）是可分的。

可以证明，$A \subset X$是可分的充分必要条件是存在X的可列子集B使$A \subset \overline{B}$。值得注意的是集合B不必包含在A中甚至不必与A相交。

我们知道，在数直线上，有理数集是一个可数稠密子集。这一性质在分析的许多问题中是十分重要的。可分距离空间实际上就是这一性质的推广。

例 1.2.6 1. $\mathbf{R}^n$是可分的。

因为坐标为有理数的$\mathbf{R}^n$中点集是一个可数子集且在$\mathbf{R}^n$中稠密。

2. $C[a,b]$是可分的。

由Weierstrass定理，对于$[a,b]$上的任一连续函数$x(t)$，存在多项式列$\{p_n(t)\}$，在$[a,b]$上一致收敛于$x(t)$，每一个多项式$p(t) = a_0 + a_1 t + \cdots + a_n t^n$可用有理系数多项式一致逼近，而有理系数多项式集是可数集，所以$C[a,b]$是可分的。

3. 空间$L^p[a,b](p \geqslant 1)$是可分的。

但确实存在着不可分的距离空间。

例 1.2.7 l^∞不可分。

考虑l^∞中元$x = \{\xi_k\}$集，其中$\xi_k = 0$或1，显然，这个集具有连续基数，因此任取这个集中两个不同的元$x = \{\xi_k\}, y = \{\eta_k\}$，则$d(x,y) = \sup_k |\xi_k - \eta_k| = 1$。因此我们有不可数个元两两之间的距离为1。

假设l^∞可分，并且设E是可数的稠密子集，$\forall x \in E$，作球$S(x, \frac{1}{3})$，则这些球之全体是一个可数集，并且l^∞中每一元必落在这些球之一中，这样，考虑上述不可数集中的元至少有两个不同的元x, y落在中心为x_0的同一球中，于是

$$1 = d(x,y) \leqslant d(x_0, x) + d(x_0, y) \leqslant \frac{1}{3} + \frac{1}{3} = \frac{2}{3}$$

矛盾，所以l^∞不可分。

注 1. 根据以上概念，当需要考虑点集X是否具有某种性质时，可以转而考察它的稠密子集，然后利用极限过程推出关于集合的相应结论，使问题的研究简化。

2. 当研究可分空间中的某些问题时，为了简便，可以从空间中选出一个最适合研究该问题的可列的稠密集，先在给稠密集上进行讨论，然后利用稠密性将结论推广到整个空间上去。由此可知，稠密性与可分性是研究距离空间的两个重要性质。

1.3 距离空间上的连续映射

前面研究了距离空间中点集的性质，但我们还需研究从一个距离空间到另一个距离空间的映射，其中尤以连续映射比较重要。

定义 1.3.1 设X, X_1均为距离空间，如果对每一个$x \in X$，必有X_1中唯一的点y与之对应，则称这个对应关系是一个映射，映射常用记号T来表示，据此，我们有$Tx = y$。如果对于某一给定的点$x_0 \in X$，映射T满足下面的条件：对任给的$\varepsilon > 0$，存在$\delta > 0$，使得当$d(x, x_0) < \delta$时，有$d(Tx, Tx_0) < \varepsilon$，则称映射$T$在$x_0$连续，如果映射$T$在$X$中的每一点都连续，则称$T$在$X$上连续或称$T$是连续映射。

注 连续也可用邻域来描述，定义1.3.1也可叙述为：若对$T(x_0)$的任何邻域$S_1(T(x_0), \varepsilon)$，必存在x_0的一个邻域$S(x_0, \delta)$，使得当$x \in S(x_0, \delta) \bigcap X$时，$T(x) \in S_1(T(x_0), \varepsilon)$，则称$T$在$x_0$连续。若$T$关于$X$的每个点都连续，则称$T$是$X$上的连续映射。

定义 1.3.2 设T是由距离空间X到距离空间X_1的映射，$A \subset X$，我们称集合
$$\{Tx : x \in A\}$$
为集合A的像，记为$T(A)$。设$B \subset X_1$，则称集合
$$\{x : Tx \in B\}$$
为集合B的原像，记为$T^{-1}(B)$。

根据定义，集合A的像是X_1的子集，集合B的原像是X的子集。

从距离空间X到实（或复）数域中的映射称为函数，与古典分析中函数的记号类似，在本书中，常用f, g, h等表示函数，函数亦称泛函。

下面的两个定理讨论了映射连续性的几个等价条件。

定理 1.3.1 由距离空间X到距离空间X_1中的映射T在点$x_0 \in X$连续的充分必要条件是对任何收敛于x_0的点列$\{x_n\} \subset X$，有$\{Tx_n\}$收敛于Tx_0。

证 必要性。X, X_1上的距离分别用d, d_1表示。设T在x_0连续，则对于任给的$\varepsilon > 0$，存在$\delta > 0$，使得当$d(x, x_0) < \delta$时，有$d_1(Tx, Tx_0) < \varepsilon$。今设$\{x_n\} \subset X(n = 1, 2, \cdots)$且$\{x_n\}$收敛于$x_0 \in X$，于是存在$N$，使得当$n > N$时，有$d(x_n, x_0) < \delta$，故$d_1(Tx_n, Tx_0) < \varepsilon$。因此$\{Tx_n\} \to Tx_0$。

充分性。用反证法。设定理的条件成立，但T在点x_0不连续，于是存在某个正数ε_0以及点列$\{x_n\} \subset X$，使得对于每个$n(n = 1, 2, \cdots)$，有$d(x_n, x_0) < \frac{1}{n}$，但$d_1(Tx_n, Tx_0) \geqslant \varepsilon_0$，显然与定理的假设矛盾。故$T$在$x_0$连续。

还可以用开集、闭集来刻画连续。

定理 1.3.2 由距离空间X到距离空间X_1中的映射T是连续映射的充分必要条件是下列两个条件之一成立：

(i)对于X_1中的任一开集G，G的原像$T^{-1}(G)$是X中的开集；

(ii)对于X_1中的任一闭集F，F的原像$T^{-1}(F)$是X中的闭集。

证 (i)先证必要性。X, X_1上的距离分别用d, d_1表示。设G是X_1中的开集，如果$T^{-1}(G)$是空集，则它显然是开集。今设$T^{-1}(G)$非空，任取$x_0 \in T^{-1}(G)$，令$y_0 = Tx_0$，则y_0属于G且是G的内点，故存在$\varepsilon > 0$，使$S_1(y_0, \varepsilon) \subset G$，这里$S_1(y_0, \varepsilon)$表示$X_1$中以$y_0$为中心，以$\varepsilon$为半径的开球。因$T$连续，故对上述的$\varepsilon$，存在$\delta > 0$，使得当$d(x, x_0) < \delta$时，$d_1(Tx, Tx_0) < \varepsilon$，即当$x \in S(x_0, \delta)$时，$Tx \in S_1(y_0, \varepsilon) \subset G$，故$x \in T^{-1}(G)$，其中$x$是$S(x_0, \varepsilon)$中的任一点。因此$S(x_0, \delta) \subset T^{-1}(G)$，$T^{-1}(G)$为开集。

再证(i)的充分性。任取$x_0 \in X$并任给$\varepsilon > 0$，令$G = S_1(Tx_0, \varepsilon)$，由假设，$T^{-1}(G)$为开集，故存在$\delta > 0$使$S(x_0, \delta) \subset T^{-1}(G)$，由此可知，当$d(x, x_0) < \delta$时，$d_1(Tx, Tx_0) < \varepsilon$，故$T$在$x_0$处连续，而$x_0$在$X$中是任意的，故$T$在$X$上连续。

(ii)容易证明下面的事实：对于X_1中任何两个子集A, B，当A, B在X_1中互为补集时，$T^{-1}(A), T^{-1}(B)$在X中也互为补集。而开集与闭集是互为补集的，利用(i)中条件的充分必要性可以知道，(ii)中的条件也是T连续的充分必要条件。证毕。

连续映射的一个重要特例是同胚映射。我们先引入逆映射的概念。设T是距离空间X到距离空间X_1的一对一的映射，即对任意的$x_1, x_2 \in X$，当$x_1 \neq x_2$时，$Tx_1 \neq Tx_2$。今再设$T(X) = X_1$，任取$y \in X_1$，则存在唯一的$x \in X$使

$$Tx = y$$

T的逆映射是如下定义的，记为T^{-1}，它将$Tx = y$中的y映为x：

$$T^{-1}y = x$$

显然T^{-1}是由X_1到X上的映射，且对任何$x \in X$，

$$T^{-1}(Tx) = x$$

而对任何$y \in X_1$，

$$T(T^{-1}y) = y$$

当T存在逆映射时，称T是可逆的。

通常一对一的映射又称为单映射，满足$T(X) = X_1$的映射又称为满映射。因此T存在逆映射的充分必要条件是T既为单映射又为满映射，今后我们称既单又满的映射为双映射。

在本书中，一对一的映射与单映射这两个名称将同时使用，有的场合我们使用一对一映射这一名称，有的场合则使用单映射这一名称。

定义 1.3.3 若映射T存在逆映射，且T及其逆映射T^{-1}都连续，则称T是X到X_1上的同胚映射。如果存在一个从X到X_1上的同胚映射，则称X与X_1同胚。

例 1.3.1 $y = \arctan x$是$\mathbf{R}$到$(-\frac{\pi}{2}, \frac{\pi}{2})$的同胚映射，因此$\mathbf{R}$与$(-\frac{\pi}{2}, \frac{\pi}{2})$同胚。$y = \mathrm{e}^x$是$\mathbf{R}$到$(0, \infty)$的同胚映射，因此$\mathbf{R}$与$(0, \infty)$同胚。

1.4 完备性 距离空间的完备化

大家知道实数域有一个重要特性,即任何一个Cauchy序列或基本序列必有极限,这就是通常所说的实数域的完备性。这个性质在数学分析中起着重要作用。例如由它可以获得级数收敛的Cauchy判别准则,由它的等价命题可以证明有界闭区间上连续函数的三个重要性质,等等。

一般的距离空间就不一定具有这种性质。在本节中,我们就特别研究具有这种性质(即完备性)的距离空间。

1.4.1 完备的距离空间

定义 1.4.1 距离空间X中的点列$\{x_n\}$叫作Cauchy点列或基本点列,是指对任给的$\varepsilon > 0$,存在N,使当$n, m > N$时,
$$d(x_n, x_m) < \varepsilon$$
(今后我们将采用基本点列这一名称)。X叫作完备的距离空间,是指X中的任一基本点列必收敛于X中的某一点。

由定义直接导出下面两个性质:

1. 距离空间中任一收敛点列必是Cauchy列(或基本点列)。
2. 完备距离空间的任何闭子空间也是完备的。

一般说,性质1的逆不成立,这是因为不完备的距离空间是存在的。例如有理数域按照距离$d(x, y) = |x - y|$是不完备的距离空间,又如区间$(0,1]$及区间$(0,1)$按照距离$d(x,y) = |x-y|$也都是不完备的距离空间,它们中的基本点列不一定收敛。如$\{\frac{1}{n}\}(n = 1, 2, \cdots)$是$(0,1]$中的基本点列,但在$(0,1]$中不收敛。

尽管如此,却存在着为数众多的完备距离空间。例如$\mathbf{R}^n$,$C[a,b]$都是完备的距离空间,$\mathbf{R}^n$的完备性可由实数域的完备性导出,在此不详细讨论了。下面研究$C[a,b]$的完备性,并再介绍几个完备的距离空间。

例 1.4.1 空间$C[a,b]$完备。

设$\{x_n\} \subset C[a,b]$是任一基本点列,于是对任给的$\varepsilon > 0$,存在仅与ε有关的N,使得当$n, m > N$时,有$d(x_n, x_m) < \varepsilon$。由等式(1-3),$|x_n(t) -$

$x_m(t)| < \varepsilon$ 对一切 $t \in [a,b]$ 一致地成立。由数学分析知 $\{x_n(t)\}$ 在 $[a,b]$ 上一致收敛于某一连续函数 $x_0(t)$，因此 $x_0(t) \in C[a,b]$。由于一致收敛与等式(1-3)定义的收敛是等价的，故 $d(x_n, x_0) \to 0$, $C[a,b]$ 完备。

例 1.4.2 空间 $L^p[a,b](1 \leqslant p < \infty)$ 为一完备的距离空间。(请自证)

例 1.4.3 空间 $l^p(1 \leqslant p < \infty)$ 为一完备的距离空间。

例 1.4.4 空间 S 完备。

设 $\{x_n\}$ 是 S 中的基本点列，任意取定 $\sigma > 0$，则
$$\begin{aligned} d(x_n, x_m) &= \int_E \frac{|x_n(t) - x_m(t)|}{1 + |x_n(t) - x_m(t)|} dt \\ &\geqslant \int_{E(|x_n - x_m| \geqslant \sigma)} \frac{|x_n(t) - x_m(t)|}{1 + |x_n(t) - x_m(t)|} dt \\ &\geqslant \frac{\sigma}{1+\sigma} mE(|x_n - x_m| \geqslant \sigma) \end{aligned}$$

因 $\{x_n\}$ 是基本点列，故对任给的 $\varepsilon > 0$，存在 N，使得当 $n, m > N$ 时，有
$$d(x_n, x_m) < \varepsilon$$

故当 $n, m > N$ 时，$mE(|x_n - x_m| \geqslant \sigma) < \frac{1+\sigma}{\sigma}\varepsilon$。因此
$$mE(|x_n - x_m| \geqslant \sigma) \to 0 \quad (m, n \to \infty)$$

利用上式可找到自然数列 $n_1 < n_2 < \cdots < n_k < \cdots$，使
$$mE(|x_{n_{k+1}} - x_{n_k}| \geqslant \frac{1}{2^k}) < \frac{1}{2^k}$$

对 $k = 1, 2, \cdots$ 成立。为简便起见，记 $E_k = E(|x_{n_{k+1}} - x_{n_k}| < \frac{1}{2^k})$，再令
$$E_0 = \bigcup_{k=1}^{\infty} \bigcap_{k=1}^{\infty} E_k$$

则 $mE_0 = mE$，且对任何 $t \in E_0$，$\{x_{n_k}(t)\}$ 是基本点列，故收敛于有限极限。令
$$x_0(t) = \begin{cases} \lim\limits_{k \to \infty} x_{n_k}(t), t \in E_0, \\ 0, t \in E \backslash E_0 \end{cases}$$

则 $x_0(\cdot)$ 为处处有限的可测函数，故 $x_0 \in S$，当 $n, n_k > N$ 时，有
$$\int_E \frac{|x_n(t) - x_{n_k}(t)|}{1 + |x_n(t) - x_{n_k}(t)|} dt = d(x_n, x_{n_k}) < \varepsilon$$

令 $k \to \infty$ 并利用 Lebesgue 控制收敛定理，有
$$d(x_n, x_0) \leqslant \varepsilon \quad (n > N)$$

因此$\{x_n\}$在S中收敛于x_0，S完备。

例 1.4.5 空间s完备。

如果$\{x_n\}$是s中任一基本点列，则对于每个$k(k=1,2,\cdots)$，x_n的第k个坐标$\xi_k^{(n)}$构成一基本点列，由实数域的完备性可知它们都有极限，这些极限组成的数列为s中的一个元素，记为x_0，由于在空间s中，按距离收敛等价于按坐标收敛，因此$\{x_n\}$收敛于x_0，故s完备。

在下面的例 1.4.6 中，$x_0(\cdot)$是定义在E上的可测函数，如果存在E的零测度集E_0使得$\{x_n(\cdot)\}$在$E\backslash E_0$上一致收敛于$x_0(\cdot)$，则称$\{x_n(\cdot)\}$几乎一致收敛于$x_0(\cdot)$。

例 1.4.6 空间$L^\infty[a,b]$完备。（请自证）

例 1.4.7 空间l^∞完备。

设$\{x_n\}$是l^∞中任一Cauchy列，其中$x_n=\{\xi_k^{(n)}\}$，且$|\xi_k^{(n)}|\leqslant K$，对$k=1,2,\cdots$，K是一个常数，于是对任意的$\varepsilon>0$，存在N，当$n,m>N$时，$d(x_n,x_m)<\varepsilon$，或当$n,m\geqslant N$时，

$$\sup_k |\xi_k^{(n)}-\xi_k^{(m)}|<\varepsilon$$

由此可知，当$n,m\geqslant N$时，

$$|\xi_k^{(n)}-\xi_k^{(m)}|<\varepsilon$$

关于k一致成立。

固定k，由实数列$\{\xi_k^{(1)},\xi_k^{(2)},\cdots,\xi_k^{(n)},\cdots\}$是一个满足Cauchy收敛准则的数列，设它收敛于数ξ_k，于是得数列$x=\{\xi_k\}$。

令$m\to\infty$，则$\forall k$及$\forall n\geqslant N$有

$$|\xi_k^{(n)}-\xi_k|\leqslant\varepsilon$$

由此，$\forall k$，

$$|\xi_k|\leqslant|\xi_k^{(N)}-\xi_k|+|\xi_k^{(N)}|\leqslant\varepsilon+K$$

所以$\{\xi_k\}$是一有界数列，即$x\in l^\infty$。$\forall n\geqslant N$，

$$\sup_k |\xi_k^{(n)}-\xi_k|\leqslant\varepsilon$$

即当$n\geqslant N$时，$d(x_n,x)\leqslant\varepsilon$，这说明$l^\infty$是完备的。

从数学分析中知，有理数集作为 **R** 的一个子空间是不完备的。下面将给出一个不完备的距离空间的例子。

例 1.4.8 我们已经证明 $C[a,b]$ 按照距离
$$d(x,y) = \max_{a\leqslant t\leqslant b}|x(t)-y(t)| \quad (x,y\in C[a,b])$$
是完备的距离空间。现在再证明 $C[a,b]$ 按照距离
$$d_1(x,y) = (\int_a^b |x(t)-y(t)|^2 \mathrm{d}t)^{\frac{1}{2}}$$
是不完备的。在 (a,b) 中任意取定一点 c，例如取 $c=\frac{a+b}{2}$，令
$$x_0(t) = \begin{cases} 1, c<t\leqslant b, \\ 0, t=c, \\ -1, a\leqslant t<c \end{cases}$$

因 $C[a,b]$ 按照距离 d_1 在 $L^2[a,b]$ 中稠密，故存在 $\{x_n\}\subset C[a,b]$，使 $\{x_n\}$ 按照 d_1 收敛于 x_0，但 $x_0(t)$ 不可能对等于一个连续函数，所以 $C[a,b]$ 按照 d_1 是不完备的。

1.4.2 距离空间的完备化

我们已经指出，实数域的完备性在经典分析中起着非常重要的作用。对于一般的距离空间来说，它的完备性同样在许多方面也起着重要作用。例如在第1.5节中，我们将看到它在证明方程解的存在性、唯一性以及近似解的收敛性等方面起着重要作用。在第3章中，我们还将看到它在一系列重要定理如开映象定理、共鸣定理中同样起着重要作用。但是另一方面，确实存在不少不完备的距离空间，这一点在前面已经指出。因此通过一定的途径将非完备的距离空间加以完备就十分必要了。这一部分将详细讨论这一问题。

我们曾指出直线上有理数全体 **Q** 作为 $\mathbf{R}^1$ 的子空间不是完备的距离空间，但是我们可以将 **Q** "扩大"成完备的距离空间 $\mathbf{R}^1$，即在 **Q** 中加入"无理数"，使之成为新的距离空间 $\mathbf{R}^1$，并且 **Q** 在 $\mathbf{R}^1$ 中稠密。下面我们要说明每一个不完备的距离空间都可以加以"扩大"，使之成为某个完备距离空间的稠密子空间。为此，首先介绍几个概念。

定义 1.4.2 设 X, X_1 均为距离空间，如果存在一个由 X 到 X_1 上的映射，使得对一切 $x, y \in X$，有
$$d_1(Tx, Ty) = d(x, y)$$
其中 d, d_1 分别表示 X, X_1 上的距离，则称 T 是 X 到 X_1 上的等距映射，如果存在一个由 X 到 X_1 上的等距映射，则称 X 与 X_1 等距。

显然，等距映射一定是同胚映射。

从等距的角度看，如果问题只涉及元素之间的距离，如收敛性、可分性、完备性等，那么两个等距的距离空间可以看成是同一的。

定理 1.4.1 对于每个距离空间 (X, d)，必存在一个完备的距离空间 $(\widetilde{X}, \widetilde{d})$，使得 (X, d) 与 $(\widetilde{X}, \widetilde{d})$ 的一个稠密子集等距，并且在等距意义下，这样的空间 $(\widetilde{X}, \widetilde{d})$ 是唯一的。称空间 $(\widetilde{X}, \widetilde{d})$ 为 (X, d) 的完备化。

证 用 $\widetilde{X}$ 表示空间 (X, d) 中所有 Cauchy 列之全体，其中，如果两个 Cauchy 列 $\{x_n\}, \{y_n\}$ 满足
$$d(x_n, y_n) \to 0 \quad (n \to \infty)$$
我们认为它们是 $\widetilde{X}$ 中的同一元，对于 $\widetilde{X}$ 中任意元 $\widetilde{x} = \{x_n\}, \widetilde{y} = \{y_n\}$，定义
$$\widetilde{d}(\widetilde{x}, \widetilde{y}) = \lim_{n \to \infty} d(x_n, y_n)$$
由于 $\{x_n\}, \{y_n\}$ 是 X 中的 Cauchy 列，$\forall \varepsilon > 0$，存在 N，当 $m, n > N$ 时，$d(x_n, x_m) < \frac{\varepsilon}{2}$，同时 $d(y_n, y_m) < \frac{\varepsilon}{2}$，于是
$$|d(x_n, y_n) - d(x_m, y_m)| \leqslant d(x_n, x_m) + d(y_n, y_m)$$
$$< \tfrac{\varepsilon}{2} + \tfrac{\varepsilon}{2} = \varepsilon$$
这表明，极限 $\lim_{n \to \infty} d(x_n, y_n)$ 存在。此外，如果 $\{x'_n\} = \{x_n\}, \{y'_n\} = \{y_n\}$，其中 $\{x'_n\}, \{y'_n\}$ 也是 X 中的 Cauchy 列，由于
$$|d(x_n, y_n) - d(x'_n, y'_n)| \leqslant d(x_n, x'_n) + d(y_n, y'_n)$$
$$\to 0 \, (n \to \infty)$$
所以 $\lim_{n \to \infty} d(x_n, y_n) = \lim_{n \to \infty} d(x'_n, y'_n)$，总之，$\widetilde{X}$ 中定义的 $\widetilde{d}$ 是无歧义的。

由 $\widetilde{d}$ 的定义，易见 $\widetilde{d}$ 是 $\widetilde{X}$ 中的一个距离。

接下来我们证明 (X, d) 与 $(\widetilde{X}, \widetilde{d})$ 中的一个稠密子空间等距。

设$\widetilde{X_0}$是由X中元$\{x\}$作成的常驻列的全体，显然，$\widetilde{X_0} \subset \widetilde{X}$而且是$\widetilde{X}$的一个子空间。令
$$x \to \{x\}, x \in X$$
易见，这样定义了从(X,d)到$(\widetilde{X_0}, \widetilde{d})$上的一个等距映射。

我们证明$(\widetilde{X_0}, \widetilde{d})$在$(\widetilde{X}, \widetilde{d})$中稠密，任取$\widetilde{x} = \{x_n\} \in (\widetilde{X}, \widetilde{d})$，由于$\{x_n\}$是$(X,d)$中的Cauchy列，$\forall \varepsilon > 0$，存在$N$，当$m, n > N$时，$d(x_n, x_m) < \varepsilon$，令$\widetilde{x_k} = \{x_k\} \in \widetilde{X_0}$，则当$n > N$时，
$$\widetilde{d}(\widetilde{x_n}, \widetilde{x}) = \lim_{n \to \infty} d(x_n, x_m) \leqslant \varepsilon$$
所以$\lim_{n \to \infty} \widetilde{d}(\widetilde{x_n}, \widetilde{x}) = 0$，即$(\widetilde{X_0}, \widetilde{d})$在$(\widetilde{X}, \widetilde{d})$中稠密。下面我们证明$(\widetilde{X}, \widetilde{d})$是完备的。

设$\{\widetilde{x_n}\}$是$(\widetilde{X}, \widetilde{d})$中的任一Cauchy列，因为$(\widetilde{X_0}, \widetilde{d})$在$(\widetilde{X}, \widetilde{d})$中稠密，对于每一个$\widetilde{x_n}$，存在$\widetilde{y_n} = \{y_n\} \in \widetilde{X_0}$，使得
$$\widetilde{d}(\widetilde{x_n}, \widetilde{y_n}) < \frac{1}{n}, (n = 1, 2, \cdots)$$
由此，
$$d(y_n, y_m) = \widetilde{d}(\widetilde{y_n}, \widetilde{y_m})$$
$$\leqslant \widetilde{d}(\widetilde{y_n}, \widetilde{x_n}) + \widetilde{d}(\widetilde{x_n}, \widetilde{x_m}) + \widetilde{d}(\widetilde{x_m}, \widetilde{y_m})$$
$$< \tfrac{1}{n} + \tfrac{1}{m} + \widetilde{d}(\widetilde{x_n}, \widetilde{x_m}) \to 0 \ (n, m \to \infty)$$
所以$\widetilde{y} = \{y_n\}$是(X,d)中的一个Cauchy列，即$\widetilde{y} \in (\widetilde{X}, \widetilde{d})$，且由于
$$\widetilde{d}(x_n, y) \leqslant \widetilde{d}(\widetilde{x_n}, \widetilde{y_n}) + \widetilde{d}(\widetilde{y_n}, \widetilde{y})$$
$$< \tfrac{1}{n} + \widetilde{d}(\widetilde{y_n}, y)$$
$\widetilde{x_n} \to \widetilde{y}(n \to \infty)$，$(\widetilde{X}, \widetilde{d})$完备。

最后，证明唯一性。设$\widetilde{Y}$也是X的完备化，于是存在$\widetilde{Y}$的稠密子空间$\widetilde{Y_0}$与X等距，因此$\widetilde{X_0}$与$\widetilde{Y_0}$等距，设这个等距映射为φ，任取$\widetilde{x} \in \widetilde{X}$，则存在$\widetilde{x_n} \in \widetilde{X_0}$，使得$\widetilde{x_n} \to \widetilde{x}(n \to \infty)$，设$\widetilde{x_n}$在映射$\varphi$下的象为$\widetilde{y_n}$，则$\widetilde{y_n}$是$\widetilde{Y}$中的收敛点列，即存在$\widetilde{y} \in \widetilde{Y}$，使得$\widetilde{y_n} \to \widetilde{y}(n \to \infty)$，定义
$$\widetilde{x} \to \widetilde{y}, \widetilde{x} \in \widetilde{X}$$
易见，这是$\widetilde{X}$到$\widetilde{Y}$上的一个等距映射。因此，在等距意义下，完备化是唯一的。证毕。

如果我们把两个等距同构的距离空间不加以区别，视为同一，那么定理可以叙述如下：

定理 1.4.2 设 $X = (X, d)$ 是距离空间，那么存在唯一的完备的距离空间 $\widetilde{X} = (\widetilde{X}, \widetilde{d})$，使得 X 为 $\widetilde{X}$ 的稠密子空间。

例 1.4.9 1. $\overline{l}^p$ 的完备化空间。

设 $\overline{l}^p$ 是由所有形如 $\{\xi_1, \xi_2, \cdots, \xi_k, 0, 0, \cdots\}$ 的序列构成的集，其中 ξ_k 为实（或复）数，k 为任意自然数，按照 l^p 的距离，$\overline{l}^p$ 是 l^p 的子空间，但不完备。例如序列

$$x_1 = \{1, 0, 0, \cdots\}, x_2 = \{1, \frac{1}{2}, 0, 0, \cdots\}, \cdots, x_n = \{1, \frac{1}{2}, \cdots, \frac{1}{2^{n-1}}, 0, \cdots\}$$

是 $\overline{l}^p$ 中的基本列，但在 $\overline{l}^p$ 中不收敛。

显然，$\overline{l}^p$ 在 l^p 中稠密而 l^p 完备，故 l^p 是 $\overline{l}^p$ 的完备化空间。

2. 令 P 表示所有多项式构成的集，按照 $C[a,b]$ 的距离，P 是 $C[a,b]$ 的子空间，但 P 不完备。例如序列

$$P_1(t) = 1, P_2(t) = 1 + \frac{1}{2}t, \cdots, P_n(t) = 1 + \frac{1}{2}t + \cdots + \frac{1}{2^{n-1}}t^{n-1}, \cdots$$

是 P 中的基本列，但在 P 中不收敛。

因 P 在 $C[a,b]$ 中稠密且 $C[a,b]$ 完备，故 $C[a,b]$ 是 P 的完备化空间。

3. $C[a,b]$ 按照 $L^2[a,b]$ 中的距离在 $L^2[a,b]$ 中稠密，因 $L^2[a,b]$ 是完备的，故 $L^2[a,b]$ 是 $C[a,b]$ 的完备化空间（按照 $L^2[a,b]$ 的距离）。

1.5 不动点定理

大家知道，在微分方程、积分方程以及其他各类方程的理论中，解的存在性、唯一性以及近似解的收敛性等都是很重要的课题。为了证明一个微分方程、积分方程或其他类型的方程解的存在性，我们可以将它转换成某一映射的不动点。因此，研究映射的不动点是十分必要的。为了阐明这一观点，我们以大家熟悉的一阶常微分方程

$$\frac{\mathrm{d}y}{\mathrm{d}x} = f(x, y) \tag{1-12}$$

为例来说明。求微分方程(1-12)满足初始条件$y|_{x_0} = y_0$的解与求解积分方程

$$y(x) = y_0 + \int_{x_0}^{x} f(t, y(t))\mathrm{d}t \tag{1-13}$$

等价。而为了求解积分方程(1-13)，我们可以根据$f(x,y)$所满足的解析条件适当地选取一个距离空间，并在这个距离空间中作映射

$$(T(\varphi))(x) = y_0 + \int_{x_0}^{x} f(t, \varphi(t))\mathrm{d}t$$

于是求方程(1-13)的解就转化为求出φ使它满足$T\varphi = \varphi$，这种φ称为映射T的不动点，因此求解方程(1-12)就变成求映射T的不动点。

在本节中，我们考虑完备距离空间中一类映射，即压缩映射的不动点定理及其某些应用。

定理 1.5.1 (压缩映象原理) 设X是完备的距离空间，T是由X到X自身的映射，并且对于$\forall x, y \in X$，不等式

$$d(Tx, Ty) \leqslant \theta d(x, y) \tag{1-14}$$

成立，其中θ是满足$0 \leqslant \theta < 1$的一个定数，那么T在X中存在唯一的不动点，即存在唯一的$x^* \in X$，使$Tx^* = x^*$，且x^*可以用迭代法求得。

证 首先不难看出，T是一个连续映射。其次，任取$x_0 \in X$，令

$$x_1 = Tx_0, x_2 = Tx_1, \cdots, x_{n+1} = Tx_n, \cdots$$

我们得到X中的点列$\{x_n\}$，从关系式

$$x_{n+1} = Tx_n \quad (n = 0, 1, 2, \cdots) \tag{1-15}$$

可以看出，如果$\{x_n\}$收敛，则由T的连续性，此序列的极限就是T的一个不动点。

事实上，由

$$\begin{aligned} d(x_1, x_2) &= d(Tx_0, Tx_1) \\ &\leqslant \theta d(x_0, Tx_0) \\ d(x_2, x_3) &= d(Tx_1, Tx_2) \\ &\leqslant \theta d(x_1, x_2) \\ &\leqslant \theta^2 d(x_0, Tx_0) \\ &\cdots \end{aligned}$$

一般地，
$$d(x_n, x_{n+1}) \leqslant \theta^n d(x_0, Tx_0) \quad (n = 0, 1, 2, \cdots)$$

于是，对任意自然数p，
$$\begin{aligned} d(x_n, x_{n+p}) &\leqslant d(x_n, x_{n+1}) + d(x_{n+1}, x_{n+2}) + \cdots + d(x_{n+p-1}, x_{n+p}) \\ &\leqslant (\theta^n + \theta^{n+1} + \cdots + \theta^{n+p-1}) d(x_0, Tx_0) \\ &= \frac{\theta^n(1-\theta)^p}{1-\theta} d(x_0, Tx_0) \leqslant \frac{\theta^n}{1-\theta} d(x_0, Tx_0) \end{aligned} \quad (1\text{-}16)$$

由$0 < \theta < 1$，可知$\{x_n\}$是一个Cauchy列，因为X是完备的，所以存在$x^* \in X$使得
$$x_n \to x^* \quad (n \to \infty)$$

在(1-15)的两边令$n \to \infty$，并由T的连续性，即得$Tx^* = x^*$。

现在证明唯一性。假设还有$y^* \in X$，使得$Ty^* = y^*$，则
$$d(x^*, y^*) = d(Tx^*, Ty^*) \leqslant \theta d(x^*, y^*)$$

由于$\theta < 1$，必有$d(x^*, y^*) = 0$，即$x^* = y^*$。证毕。

满足条件(1-14)的映射称为压缩映射。迭代(1-15)称为Picard迭代。

注 关于定理1.5.1，有以下几个值得注意的方面：

1. 1922年，Banach提出的压缩映象原理，是一个比较简单的判定不动点是否存在与唯一的基本方法，它指出：完备距离空间中的压缩映象必有唯一的不动点。在这里，空间的完备性保证了映射的不动点存在，而不动点的唯一性则直接从映射的压缩性得来，与空间的完备性无关。

2. 压缩映象原理同时给出了求不动点的迭代法（逐次逼近法），在完备的距离空间中，从任意选取的一点x_0出发，逐次作点列$x_{n+1} = Tx_n, n = 1, 2, \cdots$，它必然逼近于要求的方程$Tx = x$的解。

3. 由证明可以看出，为了获得不动点x^*，可以从X中任一点出发，这无疑是很方便的。

4. 方程$Tx = x$的不动点x^*在大多数情况下实际上不易求得，因此往往用x_n作为其近似植，这样就需要估计x_n与x^*的误差，要做到这一点，只

需在$d(x_n, x_{n+p})$中令$p \to \infty$，由(1-16)得
$$d(x_n, x^*) \leqslant \frac{\theta^n}{1-\theta} d(x_0, Tx_0)$$
这就是误差估计式。我们看到这一误差与x_0的选取有关，当我们选取x_0与Tx_0愈近时，精确程度就愈好。

5. 定理1.5.1的条件可以适当放宽，即不必要求式(1-13)在整个空间X中满足，而只需它在以x_0为中心的某个闭球$\overline{S}(x_0, r)$内满足。

但需假设
$$d(x_0, x_1) \leqslant (1-\theta)r$$
其中$x_1 = Tx_0$，θ是式(1-13)中的数。

其实，已知$x_1 = Tx_0$，再令$x_2 = Tx_1, \cdots, x_{n+1} = Tx_n, \cdots$，我们用归纳法可以证明：所有的$x_n$都在球$\overline{S}(x_0, r)$内，显然$x_1 \in \overline{S}(x_0, r)$。今设$x_1, x_2, \cdots, x_{n-1}$都在球$\overline{S}(x_0, r)$内，由于
$$d(x_2, x_1) \leqslant \theta d(x_1, x_0) \leqslant \theta(1-\theta)r$$
$$d(x_3, x_2) \leqslant \theta d(x_2, x_1) \leqslant \theta^2(1-\theta)r$$
$$\cdots$$
故
$$d(x_n, x_0) \leqslant d(x_n, x_{n-1}) + d(x_{n-1}, x_{n-2}) + \cdots + d(x_1, x_0)$$
$$\leqslant (\theta^{n-1} + \theta^{n-2} + \cdots + 1)(1-\theta)r = (1-\theta^n)r < r$$

因此，x_n在球$\overline{S}(x_0, r)$内。于是所有的x_n都在球$\overline{S}(x_0, r)$内。这样，定理的证明步骤对这里的点列$\{x_n\}(n=0,1,2,\cdots)$都适用。于是$\{x_n\}$收敛于某一点x^*，$x^* \in \overline{S}(x_0, r)$。在等式$x_{n+1} = Tx_n$中，令$n \to \infty$并注意到$T$在$\overline{S}(x_0, r)$内连续，便有
$$x^* = Tx^*$$
因此x^*是T的不动点，x^*的唯一性与定理中的证法完全相同。因此定理的结论全部成立。

6. 有时，映射T不满足压缩映象的条件，但是T的某次幂却满足这些条件。下面，我们把定理推广到这种情形。

定理 1.5.2 设(X,d)是完备的距离空间，T是X到X中的映射，如果存在自然数n_0，使得对所有$x,y \in X$，
$$d(T^{n_0}x, T^{n_0}y) \leqslant \theta d(x,y)$$
其中$0 \leqslant \theta < 1$，则T有唯一的不动点。

证 由题设T^{n_0}满足定理 1.5.1 的条件，于是由该定理，T^{n_0}有唯一不动点x^*，所以只需证明x^*是T的唯一不动点。由于
$$T^{n_0}(Tx^*) = T(T^{n_0}x^*) = Tx^*$$
Tx^*也是T^{n_0}的不动点，但是T^{n_0}的不动点是唯一的，所以
$$Tx^* = x^*$$
即x^*是T的不动点。

设x_1^*也是T的一个不动点，则
$$T^{n_0}x_1^* = T^{n_0-1}x_1^* = \cdots = x_1^*$$
即x_1^*也是T^{n_0}的不动点，由于T^{n_0}的不动点是唯一的，故$x_1^* = x^*$。证毕。

压缩映象原理是非线性分析的一个重要结果，它有许多应用，特别是在微分方程、积分方程等解的存在唯一性定理证明中，它是一个有力的工具。应用压缩映象原理的关键是找到适当的距离空间，并在此空间上定义适当的映射，使得该映射的不动点与方程的解相一致。这样，当空间是完备的、映射是压缩的时候，就可以应用压缩映象原理。

例 1.5.1 微分方程解的存在性和唯一性。考虑微分方程
$$\frac{\mathrm{d}y}{\mathrm{d}x} = f(x,y), \quad y|_{x_0} = y_0 \tag{1-17}$$
其中$f(x,y)$在整个平面内连续（这个条件较强，但我们的目的是介绍方法，而不是追求条件的完美），此外还设$f(x,y)$关于y满足Lipschitz条件：
$$|f(x,y) - f(x,y')| \leqslant L|y - y'|$$
则通过点(x_0, y_0)微分方程(1-17)有且只有一条积分曲线。

微分方程(1-17)连同初始条件$y|_{x_0} = y_0$便等价于下面的积分方程
$$y(x) = y_0 + \int_{x_0}^{x} f(t, y(t))\mathrm{d}t$$

我们取 $\delta > 0$，使 $L\delta < 1$，用 $C[x_0 - \delta, x_0 + \delta]$ 表示在区间 $[x_0 - \delta, x_0 + \delta]$ 上的全部连续函数组成的空间。在 $C[x_0 - \delta, x_0 + \delta]$ 内定义映射 T：

$$(Ty)(x) = y_0 + \int_{x_0}^{x} f(t, y(t)) \mathrm{d}t$$

则

$$d(Ty_1, Ty_2) = \max_{|x - x_0| \leqslant \delta} \left| \int_{x_0}^{x} [f(t, y_1(t)) - f(t, y_2(t))] \mathrm{d}t \right|$$
$$\leqslant \max_{|x - x_0| \leqslant \delta} \left| \int_{x_0}^{x} L|y_1(t) - y_2(t)| \mathrm{d}t \right|$$
$$\leqslant L\delta \max_{|x - x_0| \leqslant \delta} |y_1(t) - y_2(t)| = L\delta d(y_1, y_2)$$

因 $L\delta < 1$，由定理 1.5.1，存在唯一的连续函数 $y_0(x)$ ($x \in [x_0 - \delta, x_0 + \delta]$) 使

$$y_0(x) = y_0 + \int_{x_0}^{x} f(t, y(t)) \mathrm{d}t$$

由这个式子还可以看出，$y_0(x)$ 是连续可微的，且 $y = y_0(x)$ 就是微分方程 (1-17) 通过 (x_0, y_0) 的积分曲线，但只定义在 $[x_0 - \delta, x_0 + \delta]$ 上。考虑初始条件 $y|_{x \pm \delta} = y_0(x_0 \pm \delta)$ 再次利用定理 1.5.1，便可将解延拓到 $[x_0 - 2\delta, x_0 + 2\delta]$ 上，依次类推，于是可将解延拓到整个数直线上。

例 1.5.2 Freaholm 方程。现在我们应用压缩映象原理来证明第二类 Freaholm 积分方程

$$x(t) = \varphi(t) + \lambda \int_{a}^{b} K(t, s) x(s) \mathrm{d}s \qquad (1\text{-}18)$$

解的存在性与唯一性问题，其中 λ 是任意参数，$K(t, s)$ 与 $\varphi(t)$ 是给定 $a \leqslant t \leqslant b, a \leqslant s \leqslant b$ 上的连续函数。

令

$$Tx(t) = \varphi(t) + \lambda \int_{a}^{b} K(t, s) x(s) \mathrm{d}s$$

易见，T 是完备空间 $C[a, b]$ 到自身的映射，由于 $K(t, s)$ 连续，存在常数 M，使得 $|K(t, s)| \leqslant M$，于是

$$d(Tx_1, Tx_2) = \max_{a \leqslant t \leqslant b} |\lambda| \left| \int_{a}^{b} K(t, s) |x_1(s) - x_2(s)| \mathrm{d}s \right|$$
$$\leqslant |\lambda| M (b - a) d(x_1, x_2)$$

由压缩映象原理 1.5.1 知，当 $|\lambda| < \frac{1}{M(b-a)}$ 时，方程 (1-18) 有唯一解。

例 1.5.3 Volterra方程。最后我们讨论 Volterra型积分方程
$$x(t) = \varphi(t) + \lambda \int_a^t K(t,s)x(s)\mathrm{d}s \tag{1-19}$$
这个方程与(1-18)不同之处在于积分的上限为变量t，而函数$K(t,s)$为给定区域$a \leqslant t \leqslant b, a \leqslant s \leqslant b$上的连续函数。

设
$$Tx(t) = \varphi(t) + \lambda \int_a^t K(t,s)x(s)\mathrm{d}s$$
与例 1.5.4中相同，T是$C[a,b]$到自身的映射，而对任意的$x_1, x_2 \in C[a,b]$，有
$$|Tx_1(t) - Tx_2(t)| \leqslant |\lambda| \int_a^t K(t,s)|x_1(s) - x_2(s)|\mathrm{d}s$$
$$\leqslant |\lambda|M(t-a)\max_{a\leqslant s\leqslant b}|x_1(s) - x_2(s)|$$
其中$M = \max\limits_{a\leqslant t\leqslant b, a\leqslant s\leqslant b}|K(t,s)|$，由此
$$|T^2x_1(t) - T^2x_2(t)| \leqslant |\lambda|^2 M^2 \frac{(t-a)^2}{2} \cdot \max_{a\leqslant t\leqslant b}|x_1(t) - x_2(t)|$$
归纳地有
$$|T^n x_1(t) - T^n x_2(t)| \leqslant |\lambda|^n M^n \frac{(t-a)^n}{n!} \cdot \max_{a\leqslant t\leqslant b}|x_1(t) - x_2(t)|$$
于是
$$d(T^n x_1, T^n x_2) = \max_{a\leqslant t\leqslant b}|T^n x_1(t) - T^n x_2(t)|$$
$$\leqslant |\lambda|^n M^n \frac{(b-a)^n}{n!} \cdot d(x_1, x_2)$$
由于
$$|\lambda|^n M^n \frac{(b-a)^n}{n!} \to 0 \quad (n \to \infty)$$
于是，对任意给定的参数λ，对于充分大的n，总可使
$$0 \leqslant |\lambda|^n M^n \frac{(b-a)^n}{n!} < 1$$
因此对充分大的n，T^n满足压缩映象原理的条件，由定理 1.5.2，方程(1-19)有唯一解。

习题一

1. 设 $\mathbf{R}^n$ 是 n 维向量组成的集，在 $\mathbf{R}^n$ 中定义距离如下：
$$d_1(x,y) = \max_{1 \leqslant k \leqslant n} |\xi_k - \eta_k|$$
其中 $x = (\xi_1, \xi_2, \cdots, \xi_n), y = (\eta_1, \eta_2, \cdots, \eta_n)$，证明：$\mathbf{R}^n$ 按 d_1 是距离空间。

2. 设 $\mathbf{R}$ 是实数域，在 $\mathbf{R}$ 上定义距离
$$d_2(x,y) = |e^x - e^y|$$
则 $\mathbf{R}$ 按照 d_2 是一个距离空间但不完备。

3. 设 E 是 $[0,1]$ 区间上具有连续导数(在端点 $t=1, t=0$ 分别具有左、右导数)的实函数全体。在 E 上定义
$$d(x,y) = \sup_{0 \leqslant t \leqslant 1} |x(t) - y(t)| + \sup_{0 \leqslant t \leqslant 1} |x'(t) - y'(t)|$$

(1) 证明：E 是距离空间；

(2) 指出 E 中点列按距离收敛的意义；

(3) 证明：E 是完备的。

4. 设 $C^k[a,b]$ 表示在 $[a,b]$ 上具有直到 k 阶连续导数的一切函数构成的集。对于 $x, y \in C^k[a,b]$，令
$$d(x,y) = \sum_{j=0}^{k} \max_{a \leqslant t \leqslant b} |x^{(j)}(t) - y^{(j)}(t)|$$

证明：(1) $C^k[a,b]$ 按照 d 是距离空间；

(2) 多项式全体按照 d 在 $C^k[a,b]$ 中稠密。

5. 设 $C^\infty[a,b]$ 表示在 $[a,b]$ 上无穷次可微函数构成的集。对 $x,y \in C^\infty[a,b]$，令
$$d(x,y) = \sum_{n=0}^{\infty} \frac{1}{2^n} \frac{\max\limits_{a \leqslant t \leqslant b} |x^{(n)}(t) - y^{(n)}(t)|}{1 + \max\limits_{a \leqslant t \leqslant b} |x^{(n)}(t) - y^{(n)}(t)|}$$

证明：(1) $C^\infty[a,b]$ 按照 d 是距离空间；

(2) 多项式的全体按照 d 在 $C^\infty[a,b]$ 中稠密。

6. 设X是距离空间，d是其上的距离，令
$$\widetilde{d}(x,y) = \frac{d(x,y)}{1+d(x,y)}$$
证明：(1)$\widetilde{d}$也是X上的一个距离；

(2)(X,d)与$(X,\widetilde{d})$同胚。

7. 设f是定义在距离空间X上的实函数，证明f连续的充分必要条件是下列条件之一成立：

(1)对任何实数α，$\{x:f(x)>\alpha\}$及$\{x f(x)<\alpha\}$均为开集；

(2)对任何实数α，$\{x:f(x)\geqslant \alpha\}$及$\{x f(x) \leqslant \alpha\}$均为闭集。

8. 证明：区间(a,b)与$(-\infty,\infty)$同胚，(a,b)与$(-\infty,\infty)$上的距离均由下式定义
$$d(x,y)=|x-y| \quad (x,y\in(a,b) \quad x,y\in(-\infty,\infty))$$

9. 证明：在空间s中，按距离收敛等价于按坐标收敛。

10. 设(X,d)是距离空间，$A\subset X$，令
$$f(x) = \inf_{y\in A} d(x,y) \quad (x\in X)$$
证明：$f(x)$是X上的连续函数。

11. 设X为距离空间，F_1,F_2为X中不相交的闭集。证明：存在开集G_1,G_2，使得$G_1\bigcap G_2=\emptyset, F_1\subset G_1, F_2\subset G_2$。

12. 设$f(x)$是由距离空间X到距离空间X_1中的连续映射，A在X中稠密，证明：$f(A)$在$f(X)$中稠密。

13. 证明：如果距离空间是可分的，则它的任意子空间也是可分的；反之，如果距离空间不可分，它的子空间是否也不可分？

14. 设f是定义在$\mathbf{R}$上的连续实值函数，对$x,y\in \mathbf{R}$，记$d(x,y)=|f(x)-f(y)|$。证明：d是$\mathbf{R}$上的距离的充分必要条件是f为严格单调函数。

15. 证明：距离空间X中的点集F，对于$\varepsilon>0$，定义$d(x,F)=\inf\{d(x,y)|y\in F\}$，则

(1)$\{x|d(x,F)<\varepsilon\}$是X中的开集；

(2)$\{x|d(x,F) \leqslant \varepsilon\}$是$X$中的闭集。

16. 证明：在离散距离空间D中的每个子集既是开集又是闭集。

17. 设f是定义于距离空间X中闭集E上的实值函数，若对每个$x_0 \in E$，
$$\lim_{r \to 0} \sup\{f(x)|x \in N(x_0,r) \bigcap E\} \leqslant f(x_0)$$
则称f在E上是上半连续的。证明：f为E上的上半连续函数$\Leftrightarrow$对任何常数a，$E(f \geqslant a)$是X中的闭集。

18. 设X_1是以d为距离的距离空间，$X_2 \subset X_1$是真子集。X_2按照d的完备化空间是否一定为X_1按照d的完备化空间的真子空间？举例说明之。

19. 举例说明：在压缩映象原理中，

(1)空间完备性条件不可少；

(2)映射T所满足的条件不能代之以条件：
$$d(Tx,Ty) < d(x,y) \quad (x \neq y)$$

第 2 章

Banach空间

用一种比拟的说法,可将泛函分析界定为"无限维空间上的分析学",若更特殊点,就是"Banach空间上的分析学"。由此可见,Banach空间对于泛函分析之意义,恰如Euclid空间对于经典分析之意义。

2.1 赋范空间及其完备性

泛函分析研究的对象之一是数学和物理中提炼出来的大量线性或非线性问题。为了有效地研究这些问题,仅有距离空间的概念是不够的。例如我们经常使用的$C[a,b]$,它不仅是距离空间,而且它关于连续函数通常的线性运算是封闭的。又如$\mathbf{R}^n$,它关于n维向量通常的线性运算也是封闭的。空间$L^p[a,b]$也有类似的情形。正是由于$C[a,b]$,$\mathbf{R}^n$,$L^p[a,b]$以及许多其他曾经常见的空间都具有这种特性,当我们为了研究某些线性或非线性问题而除了需要收敛概念外还需要用到元素的线性运算时,它们就比一般的距离空间显示出更大的优越性。因此,引入线性空间的概念并在线性空间中引进适当的收敛概念就成为必要的了。

2.1.1 赋范空间的定义及基本性质

在线性空间中需引入适当的收敛概念,而且在引入时应当与线性运算结合在一起考虑,将收敛概念与线性运算结合在一起考虑可以有多种途径。本节中,我们先介绍其中一种,即在线性空间中引入范数。

定义 2.1.1 设X是域$\mathbb{K}$(实数域或复数域)上的线性空间,函数$\|\cdot\|$: $X \to \mathbb{R}$满足条件:

(i)（非负性）对任意 $x \in X, \|x\| \geqslant 0$;且 $\|x\| = 0$ 当且仅当 $x = 0$;

(ii)（绝对齐性）对任意 $x \in X$ 及 $\alpha \in K$，$\|\alpha x\| = |\alpha|\|x\|$;

(iii)（三角不等式）对任意 $x, y \in X, \|x + y\| \leqslant \|x\| + \|y\|$;

称 $\|\cdot\|$ 是 X 上的一个范数，X 上定义了范数称为实或复赋范（线性）空间，记为 $(X, \|\cdot\|)$，有时简记为 X。

与线性空间的情形类似，这里的"实（或复）"等词也往往略去。

对于赋范线性空间 X，我们可以用下面的等式

$$d(x,y) = \|x - y\| \quad (x,y \in X) \tag{2-1}$$

定义元素 x 与 y 之间的距离。容易证明，这样定义的距离满足第1章1.1节定义1.1.1中距离公理的全部条件，因此 X 按照距离(2-1)是一个距离空间。称赋范空间中这个距离是由范数诱导的距离，这样，赋范空间是一个距离空间。以后凡说赋范空间的距离如无特别说明都指的是由范数诱导的距离。因此，在第1章所讨论的涉及距离空间的一般概念、性质（如完备性、可分性等）都可以移植到赋范空间中来。特别地，设 $\{x_n\}$ 是赋范空间 X 中的点列，$x \in X$，如果

$$\|x_n - x\| \to 0 \quad (n \to \infty)$$

称 $\{x_n\}$ 强（或按范）收敛于 x，记为

$$x_n \to x \quad (n \to \infty)$$

或 $\lim\limits_{n \to \infty} x_n = x$。

数学分析课程中熟知的许多极限性质，如极限的唯一性及收敛序列的有界性、极限的运算性质，都可推广到赋范空间中的序列极限。

利用范数的第(ii)、(iii)两个条件可以证明下面几个性质：

1. 范数 $\|x\|$ 是 $x \in X$ 的连续函数。其次，若 $\{x_n\} \subset X$ 依范数收敛于 $x \in X$，则 $\{\|x_n\|\}$ 有界。

事实上，由范数的条件(ii)可以证明

$$\big|\|x\| - \|y\|\big| \leqslant \|x - y\| \quad (x, y \in X)$$

因此对X中的元素$x_n(n=1,2,3,\cdots)$及x，有
$$|\|x_n\| - \|x\|| \leqslant \|x_n - x\|$$

故当$\lim\limits_{n\to\infty}\|x_n - x\| = 0$时，$\|x_n\| \to \|x\|$，因此范数$\|x\|$是$x$的连续函数。第一个结论成立。由$\|x_n\| \to \|x\|$可知，$\{\|x_n\|\}$有界，第二个结论成立。

2. 设$x_n, y_n(n=1,2,3,\cdots), x, y$都是$X$中的元素且
$$x_n \to x, \quad y_n \to y$$
则
$$x_n + y_n \to x + y$$
这由不等式
$$\|x_n + y_n - (x+y)\| \leqslant \|x_n - x\| + \|y_n - y\|$$
立即可得。

3. 设数列$\{\alpha_n\} \to \alpha, x_n(n=1,2,\cdots)$及$x$都是$X$中的元素且$\{x_n\} \to x$，则$\{\alpha_n x_n\} \to \alpha x$。

这由不等式
$$\begin{aligned}\|\alpha_n x_n - \alpha x\| &\leqslant \|\alpha_n x_n - \alpha_n x\| + \|\alpha_n x - \alpha x\| \\ &= |\alpha_n|\|x_n - x\| + |\alpha_n - \alpha|\|x\|\end{aligned}$$
以及$\{|\alpha_n|\}$的有界性，$\|x_n - x\| \to 0, |\alpha_n - \alpha| \to 0$立即可得。

性质2、3表明，线性运算关于X中的收敛概念是连续的。前面所说的应将收敛概念与线性运算结合在一起考虑，指的就是这个连续性，亦称它的范数与线性运算的相容性。由以上结论可见，在一个赋范空间中，作为线性空间的代数结构与作为距离空间的拓扑结构以线性运算的连续性把两种结构联系了起来。

注 1. 设X是赋范线性空间，d是由范数诱导的距离，对于所有的$x, y, a \in X$，每个$\alpha \in K$，有

(1) $d(x+a, y+a) = d(x, y)$; (平移不变性)

(2) $d(\alpha x, \alpha y) = |\alpha| d(x, y)$。(绝对齐性)

2. 每个赋范线性空间都是距离空间，且此距离可以由范数诱导，即$d(x,y) = \|x-y\|$。但并非所有距离空间的距离都是由范数导出的，可以证明，线性空间X上的距离d使得X成为赋范空间，当且仅当d满足

(1)$d(\alpha x, \theta) = |\alpha| d(x, \theta), \forall x \in X, \alpha \in K$；

(2)$d(x+z, y+z) = d(x,y), \forall x, y, z \in X$。

即并非所有的距离空间上的距离满足上述1、2，所有距离空间不一定是赋范空间。

2.1.2 赋范空间的完备性

至此，大家或许会认为赋范空间中的极限论无非照搬老的极限定理而已，但远非如此简单，在经典分析中，最重要的定理无疑是：

Cauchy收敛原理 数列$\{x_n\}$收敛的充要条件是

$$\lim_{m,n} |x_m - x_n| = 0 \tag{2-2}$$

即$\forall \varepsilon > 0, \exists N, \forall m, n \geqslant N, |x_m - x_n| < \varepsilon$。

然而，一般赋范空间中并没有类似的结果，因此需要以下定义：

定义 2.1.2 若赋范空间X中的序列$\{x_n\}$满足如下Cauchy条件

$$\lim_{m,n} \|x_m - x_n\| = 0 \tag{2-3}$$

(对照式(2-2))，则称$\{x_n\}$为Cauchy列。若X中所有Cauchy列皆收敛，则称X是完备的，并称X为Banach空间。

直接看出，收敛序列必为Cauchy列，而Banach空间中的Cauchy列也是收敛序列。因此可以说，Banach空间是使Cauchy收敛原理成立的赋范空间。鉴于Cauchy收敛原理在经典分析中的重要性，不难理解，在泛函分析中通常使用Banach空间，而不完备的赋范空间则不能完全满足需要。

无穷级数概念亦可引进赋范空间。若$x_n \in X (n = 1, 2, \cdots), S_n = \sum_{i=1}^{n} x_i, S_n \to x (n \to \infty)$，则说无穷级数$\sum x_n$收敛于$x$，记作$x = \sum x_n$。若$\sum \|x_n\|$收敛，则说级数$\sum x_n$绝对收敛。

定理 2.1.1 $(X, \|\cdot\|)$是赋范空间，如果X是完备的且级数$\sum \|x_n\|$收

敛，则级数$\sum x_n$收敛且
$$\|\sum_{k=1}^{\infty} x_k\| \leqslant \sum_{k=1}^{\infty} \|x_k\|$$

反之，如果在一个赋范空间中，任意无穷级数$\sum \|x_n\|$收敛必有级数$\sum x_n$收敛，则空间X是Banach空间。

证 设$s_n = x_1 + x_2 + \cdots + x_n$是级数$\sum x_n$的部分和，对任意自然数$p$，
$$\|s_{n+p} - s_n\| = \|x_{n+1} + \cdots + x_{n+p}\|$$
$$\leqslant \|x_{n+1}\| + \cdots + \|x_{n+p}\|$$

由于级数$\sum \|x_n\|$收敛，可见$\{s_n\}$是Cauchy列，而X是完备的，所以级数$\sum x_n$收敛。在不等式
$$\|\sum_{k=1}^{n} x_k\| \leqslant \sum_{k=1}^{n} \|x_k\|$$

两边令$n \to \infty$，则有
$$\|\sum_{k=1}^{\infty} x_k\| \leqslant \sum_{k=1}^{\infty} \|x_k\|$$

反之，设$\{x_n\}$是X中任一Cauchy列，从$\{x_n\}$中选取子列$\{x_{n_k}\}$，使得
$$\|x_{n_{k+1}} - x_{n_k}\| < \frac{1}{2^k} (k = 1, 2, \cdots)$$

于是级数$\sum \|x_{n_{k+1}} - x_{n_k}\|$收敛，因此由假设级数
$$x_{n_1} + \sum_{k=1}^{\infty}(x_{n_{k+1}} - x_{n_k}) = x_{n_1} + (x_{n_2} - x_{n_1}) + \cdots + (x_{n_k} - x_{n_{k-1}}) + \cdots$$

必收敛，其前k项的部分和是x_{n_k}，设$x_{n_k} \to s (k \to \infty)$。这样，存在$\{x_n\}$的一个子列$\{x_{n_k}\}$收敛。由于$\{x_n\}$是Cauchy列，对任意$\varepsilon > 0$，存在$N$，当$m, n > N$时，
$$\|x_n - x_m\| < \varepsilon$$

因此，对于充分大的k，
$$\|x_n - x_{n_k}\| < \varepsilon$$

令$k \to \infty$，则当$n > N$时，
$$\|x_n - s\| \leqslant \varepsilon$$

所以$\{x_n\}$收敛，即X是完备的。

注 在以上定理的证明中，我们得到一个有用的事实，当一个Cauchy列有一个子列收敛时，则点列本身必收敛并且收敛于同一极限。

2.1.3 凸集

凸集是线性空间中一个重要的集合概念，它在泛函分析中有着十分广泛的应用。

定义 2.1.3 设X是线性空间，A是X的子集，如果对任意$x, y \in A$，及满足$0 < \alpha < 1$的数α，

$$\alpha x + (1-\alpha)y \in A$$

称A是X中的凸集。

从几何上看，集$\{\alpha x + (1-\alpha)y : 0 \leqslant \alpha \leqslant 1\}$是连接$x, y$两点的"线段"，因此集$A$是凸集就是说，对$A$中任意两点，连接这两点的线段包含在$A$中。

从定义不难看出，任意个凸集的交集是凸集。设A是空间X中任意子集，所有包含集A的凸集交集是凸集，称这个凸集是集A生成的凸集或集A的凸包，记为$Co(A)$，显然集A的凸包$Co(A)$是X中包含集 A的最小凸集。

现在设$(A, \|\cdot\|)$是赋范空间，

$$S(0,1) = \{x \in X : \|x\| < 1\}$$

是以原点为中心，半径为1的单位球，则$S(0,1)$是原点的一个有界凸邻域。

显然$S(0,1)$是原点的有界邻域，对任意的$x, y \in S(0,1)$及满足$0 < \alpha < 1$的数α，

$$\|\alpha x + (1-\alpha)y\| \leqslant \alpha\|x\| + (1-\alpha)\|y\|$$
$$< \alpha + (1-\alpha) = 1$$

因此，$S(0,1)$是凸集。

存在原点的有界凸邻域这一简单性质对赋范空间来说是本质的,关于这一点我们以后还将继续讨论。

2.1.4 赋范空间的例

这一部分我们给出几个常见的赋范空间例。

例 2.1.1 空间 $\mathbf{R}^n$

$\mathbf{R}^n$ 中按通常方式定义线性运算,即按坐标相加及数乘是线性空间,定义

$$\|x\| = \left(\sum_{k=1}^{n} |\xi_k|^2\right)^{\frac{1}{2}}$$

其中 $x = (\xi_1, \xi_2, \cdots, \xi_n) \in \mathbf{R}^n$。

不难验证,$\mathbf{R}^n$ 是赋范空间,由于 $\mathbf{R}^n$ 作为距离空间是完备的并在 $\mathbf{R}^n$ 中坐标为有理数的点的全体是可数稠密子集,所以 $\mathbf{R}^n$ 是一个可分的 Banach 空间。

在 $\mathbf{R}^n$ 中我们也可以用以下方式引进范数:

$$\|x\|_1 = \max_{1 \leqslant i \leqslant n} |\xi_i|$$

或

$$\|x\|_2 = \sum_{i=1}^{n} |\xi_i|$$

例 2.1.2 空间 $C[a,b]$

闭区间 $[a,b]$ 上的连续函数空间 $C[a,b]$ 中按通常方式规定线性运算是一个线性空间,定义

$$\|x\| = \max_{a \leqslant t \leqslant b} |x(t)|$$

不难验证,$C[a,b]$ 是一个赋范空间,显然以前我们在 $C[a,b]$ 中定义的距离正是由范数诱导的距离,作为距离空间它是完备的,可分的。因此,$C[a,b]$ 是一个可分的 Banach 空间。

$C[a,b]$ 是一个十分重要的空间,它在分析中有着广泛的应用。

例 2.1.3 空间 l^∞

设l^∞是有界数列$x = \{\xi_k\}$的全体按坐标定义线性运算构成的线性空间,定义
$$\|x\| = \sup_n |\xi_n|$$
易见这是一个范数,这个范数诱导的距离就是我们在第1章所讨论过的距离,因此l^∞是一个不可分的Banach空间。

例 2.1.4 空间$V[a,b]$

考虑$[a,b]$上所有有界变差函数全体按通常方式规定线性运算构成的线性空间,对于每一个有界变差函数$x(t)$,令
$$\|x\| = |x(a)| + V_a^b(x)$$
其中$V_a^b(x)$表示函数$x(t)$在$[a,b]$上的全变差,则$\|\cdot\|$是一个范数。

事实上,范数公理的前两条显然成立。所以只需证明三角不等式。设x,y是$[a,b]$上两个有界变差函数,$z = x + y$,于是,对$[a,b]$的任意分割:
$$a = t_0 < t_1 < \cdots < t_n = b$$
由于
$$\|z(a)\| = |x(a) + y(a)| \leqslant |x(a)| + |y(a)|$$
及任意的$k = 0, 1, 2, \cdots, n-1$,
$$|z(t_{k+1}) - z(t_k)| \leqslant |x(t_{k+1}) - x(t_k)| + |y(t_{k+1}) - y(t_k)|$$
因此
$$|z(a)| + \sum_{k=0}^{n-1} |z(t_{k+1}) - z(t_k)|$$
$$\leqslant |x(a)| + \sum_{k=0}^{n-1} |x(t_{k+1}) - x(t_k)|$$
$$+ \sum_{k=0}^{n-1} |y(t_{k+1}) - y(t_k)| + |y(a)| \leqslant \|x\| + \|y\|$$
所以$\|x+y\| \leqslant \|x\| + \|y\|$。

我们用$V[a,b]$表示这个赋范空间。以下我们证明$V[a,b]$是一个Banach空间。

设$\{x_n\}$是$V[a,b]$中任一Cauchy列,由于
$$|x_m(t) - x_n(t)| \leqslant |(x_m(t) - x_n(t))$$
$$- (x_m(a) - x_n(a))| + |x_m(a) - x_n(a)|$$
$$\leqslant |x_m(a) - x_n(a)| + V_a^b(x_m - x_n)$$
$$= \|x_m - x_n\|$$

可见,对于每一$t \in [a,b]$,函数列$\{x_n(t)\}$逐点收敛。对于$t \in [a,b]$,令$x_0(t) = \lim\limits_{n \to \infty} x_n(t)$。对于任意$\varepsilon > 0$,存在$N$,当$n,m > N$时,$\|x_m - x_n\| < \varepsilon$。因此,对于$[a,b]$的任意给定分割:
$$a = t_0 < t_1 < \cdots < t_n = b$$
$$|x_m(a) - x_n(a)| + \sum_{k=0}^{r-1} |(x_m(t_{k+1} - x_n(t_{k+1})) - (x_m(t_k) - x_n(t_k))| < \varepsilon$$

令$m \to \infty$,则当$m > N$时
$$|x_0(a) - x_n(a)| + \sum_{k=0}^{r-1} |(x_0(t_{k+1} - x_n(t_{k+1})) - (x_0(t_k) - x_n(t_k))| \leqslant \varepsilon$$

所以当$m > N$时,
$$|x_0(a) - x_n(a)| + V_a^b(x_0 - x_n) \leqslant \varepsilon$$

由此得$x_0 \in V[a,b]$并且当$n > N$时,
$$\|x_n - x_0\| \leqslant \varepsilon$$

即$x_n \to x_0 (n \to \infty)$,$V[a,b]$是一个Banach空间。

以后我们将看到,$C[a,b]$与$V[a,b]$有着密切的联系。

例 2.1.5 设X是$[a,b]$上所有连续函数全体按通常方式定义线性运算构成的线性空间,对于每一个$[a,b]$上的连续函数$x(t)$,令
$$\|x\|_1 = \int_a^b |x(t)| \mathrm{d}t$$
$(X, \|\cdot\|_1)$是一个赋范空间,由范数诱导的距离正是第1章中定义的距离。这个空间不完备,所以$(X, \|\cdot\|_1)$不是Banach空间。

例 2.1.6 空间$L^p[a,b](1 \leqslant p < \infty)$

用$L^p[a,b]$表示闭区间$[a,b]$上p次幂可积函数的全体,其中两个几乎处处相等的函数看作是同一元,在$L^p[a,b]$中按通常方式定义线性运

算，$L^p[a,b]$ 是线性空间。对于每一 $x \in L^p[a,b]$ 定义
$$\|x\| = (\int_E |x(t)|^p \mathrm{d}t)^{\frac{1}{p}}$$
$L^p[a,b]$ 是一个赋范空间，由范数诱导的距离正是第1章中定义的距离。

下证空间 $L^p[a,b](1 \leqslant p < \infty)$ 是可分的Banach空间。

先证完备性。

设 $\{f_n\}$ 是 $L^p[a,b]$ 中的基本点列，由定义知，存在 $n_k \in N$，使得 $m,n > n_k$ 时，有 $\|f_n - f_m\|_p < \frac{1}{2^k}$。设 $n_1 < n_2 < \cdots < n_k < \cdots$，于是
$$\|f_{n_k} - f_{n_{k+1}}\|_p < \frac{1}{2^k}$$
故
$$\sum_{k=1}^{\infty} \|f_{n_k} - f_{n_{k+1}}\|_p \leqslant \sum_{k=1}^{\infty} (\frac{1}{2^k}) < \infty \tag{2-4}$$
当 $p = 1$ 时，式(2-4)化为
$$\sum_{k=1}^{\infty} \int_a^b |f_{n_k} - f_{n_{k+1}}| \mathrm{d}t < \infty \tag{2-5}$$
当 $p > 1$ 时，由 $1 \in L^q[a,b]$（其中 $\frac{1}{p} + \frac{1}{q} = 1$），由Hölder不等式，得
$$\int_a^b |f_{n_k} - f_{n_{k+1}}| \mathrm{d}t \leqslant \|f_{n_k} - f_{n_{k+1}}\|_p (b-a)^{\frac{1}{q}}$$
再利用式(2-4)知，$p > 1$ 时，式(2-5)仍成立。

对式(2-5)应用Levi引理，即知 $\sum_{k=1}^{\infty} |f_{n_k} - f_{n_{k+1}}|$ 在 $[a,b]$ 上几乎处处收敛。因此级数 $f_{n_1}(x) + \sum_{k=1}^{\infty} [f_{n_k} - f_{n_{k+1}}]$ 在 $[a,b]$ 上几乎处处收敛，即极限 $\lim_{k \to \infty} f_{n_k}(x)$ 几乎处处存在，从而存在可测函数 f，使得 $f(x) = \lim_{k \to \infty} f_{n_k}(x)$ 在 $[a,b]$ 上几乎处处成立。

再证 $f \in L^p[a,b]$。由 $\{f_n\}$ 是 $L^p[a,b]$ 中的基本点列知，$\forall \varepsilon > 0, \exists N$，当 $n,m \geqslant N$ 时，$|f_n - f_m| < \varepsilon$。对于上面所选的子序列 $\{f_{n_k}\}$，取充分大的 k_0，使得 $k_0 > N$，则对 $k \geqslant k_0, n > N$，有 $\|f_n - f_{n_k}\|_p < \varepsilon$。对函数列 $\{|f_n(x) - f_{n_k}|^p, k = 1, 2, \cdots\}$，应用Fatou定理，得
$$|f_n(x) - f(x)|^p = \lim_{k \to \infty} |f_n(x) - f_{n_k}(x)|^p \in L^p[a,b]$$

且
$$\int_a^b |f_n(x)-f(x)|^p \mathrm{d}x \leqslant \liminf_{k\to\infty} \int_a^b |f_n(x)-f_{n_k}(x)|^p \mathrm{d}x \leqslant \varepsilon^p \tag{2-6}$$
因为$f_n - f \in L^p[a,b]$，所以$f = f_n + (f - f_n) \in L^p[a,b]$。又由式(2-6)知，当$n \geqslant N$时，$\|f_n - f\|_p < \varepsilon$。即点列$\{f_n\}$按$L^p[a,b]$的范数收敛于$f$，因此$L^p[a,b]$是完备空间。

下证可分性。我们采取逐步逼近方式证明，有理系数多项式全体是$L^p[a,b]$中的可数稠密子集。

首先，对于每一$f \in L^p[a,b]$，设f_n是f的阶段函数，即
$$f_n(t) = \begin{cases} f(t), & |f(t)| \leqslant n, \\ 0 & |f(t)| > n \end{cases} \quad n = 1, 2, \cdots$$
则$f_n \in L^p[a,b]$且$|f_n(t)| \leqslant n$，由于
$$n^p m\{t : |f(t)| > n\} = \int_{\{t:|f(t)|>n\}} |f(t)|^p \mathrm{d}t \leqslant \int_a^b |f(t)|^p \mathrm{d}t < +\infty,$$
$$\lim_{n\to\infty} m\{t : |f(t)| > n\} = 0$$
因此，由积分的绝对连续性，对任意$\varepsilon > 0$，存在N，当$n > N$时，
$$\|f - f_n\|_p^p = (\int_{\{t:|f(t)|>n\}} |f(t)|^p \mathrm{d}t \leqslant \int_a^b |f(t)|^p \mathrm{d}t)^{\frac{1}{p}} < \varepsilon$$
其次，任取一满足上式的n，由Luzin定理，存在连续函数$g_n(t)$，使得除去一个可测子集A之外，$f_n(t) = g_n(t)$，并且可使$mA \leqslant (\frac{\varepsilon}{(2n)})^p$，且$|g_n(t)| \leqslant n$，这样我们有
$$\|f_n - g_n\|_p = (\int_A |f_n(t) - g_n|^p \mathrm{d}t)^{\frac{1}{p}}$$
$$\leqslant (\int_A (2n)^p \mathrm{d}t)^{\frac{1}{p}} = 2n(mA)^{\frac{1}{p}} < \varepsilon$$
最后，由Weierstrass定理，g_n可由多项式一致逼近，因此可选取有理系数多项式$p(t)$，使得在$[a,b]$上
$$|g_n - p(t)| < \frac{\varepsilon}{(b-a)^{\frac{1}{p}}}$$
从而$\|g_n - p\| < \varepsilon$。所以$\|f - p\| < 3\varepsilon$。证毕。

注 由上例的完备性证明过程可以看到：首先在序列空间需要构造出点列$\{f_n\}$的极限f，而在函数空间需要构造函数列$\{f_n\}$的极限函数f，显

然后者要困难得多。其次，在函数空间中证明极限函数属于函数空间也比序列空间中证明极限点属于序列空间困难得多。但是，两种空间完备性证明的基本步骤还是一致的。

例 2.1.7 空间 $L^\infty(E)$

用 $L^\infty(E)$ 表示 E 上本质有界可测函数全体按通常方式定义线性运算构成的线性空间。同样地，在 $L^\infty(E)$ 中两个几乎处处相等的函数看作是同一元。在 $L^\infty(E)$ 上定义

$$\|x\| = \inf_{mE_0=0, E_0 \subset E} \sup_{E \setminus E_0} |x(t)|$$

不难验证，$L^\infty(E)$ 是一个赋范空间，显然以前我们在第1章中定义的距离正是由范数诱导的距离，作为距离空间它是完备的、不可分的。因此，$L^\infty(E)$ 是一个不可分的Banach空间。且不难验证在 $L^\infty(E)$ 中点列 $\{x_n\}$ 按范收敛于 x 等价于函数列 $\{x_n(t)\}$ 在 E 上除去一个零测度集之外一致收敛于 $x(t)$。我们可以把 $L^\infty(E)$ 看作是 $L^p(E)$ 的极限情形。

以下我们对空间 $L^p(E)$ 再作两点说明。

首先，在空间 $L^p(E)(1 \leqslant p < \infty)$ 中如果点列 $\{x_n\}$ 按范收敛于 x，即

$$\int_E |x_n(t) - x(t)|^p \mathrm{d}t \to 0 (n \to \infty)$$

则称函数列 $\{x_n(t)\}$ 在 E 上 p 次幂平均收敛于函数 $x(t)$。我们证明如果函数列 $\{x_n(t)\}$ 在 E 上 p 次幂平均收敛于函数 $x(t)$，则函数列 $\{x_n(t)\}$ 在 E 上必依测度收敛于 $x(t)$。

实际上，对任意 $\sigma > 0$，令 $A = \{t \in E : |x_n(t) - x(t)| \geqslant \sigma\}$，则有

$$\int_E |x_n(t) - x(t)|^p \mathrm{d}t \geqslant \int_A |x_n(t) - x(t)|^p \mathrm{d}t$$
$$\geqslant \sigma^p mA$$

由此，$m\{t \in E : |x_n(t) - x(t)| \geqslant \sigma\} \to 0$，即函数列 $\{x_n(t)\}$ 在 E 上依测度收敛于函数 $x(t)$。

反之，如果函数列 $\{x_n(t)\}$ 在 E 上依测度收敛于函数 $x(t)$，函数列 $\{x_n(t)\}$ 在 E 上未必 p 次幂平均收敛于函数 $x(t)$。

其次，如果 $1 \leqslant p_2 \leqslant p_1 < \infty$，并且 $mE < \infty$，则有

$$L^\infty(E) \subset L^{p_1}(E) \subset L^{p_2}(E)$$

实际上，对任意$x \in L^{p_1}(E)$，令$B = \{t \in E : |x(t)| \leqslant 1\}$，则有
$$\int_E |x(t)|^{p_2} dt = \int_B |x(t)|^{p_2} dt + \int_{E \setminus B} |x(t)|^{p_2} dt$$
$$\leqslant mB + \int_{E \setminus B} |x(t)|^{p_1} dt$$
$$\leqslant mB + \int_E |x(t)|^{p_1} dt < \infty$$

即$x \in L^{p_2}(E)$。此外，显然$L^\infty(E) \subset L^{p_1}(E)$。

例 2.1.8 空间$l^p (1 \leqslant p < \infty)$

考虑满足条件$\sum_{k=1}^{\infty} |\xi_k|^p < \infty$的数列$x = \{\xi_k\}$的全体，在其中按坐标定义线性运算，$l^p (1 \leqslant p < \infty)$是一个线性空间。对于$x \in l^p, x = \{\xi_k\}$，定义

$$\|x\| = \left(\sum_{k=1}^{\infty} |\xi_k|^p\right)^{\frac{1}{p}}$$

$l^p (1 \leqslant p < \infty)$是一个赋范空间，由范数诱导的距离正是第1章中定义的距离，因此$l^p (1 \leqslant p < \infty)$是可分的Banach空间。

若A是X的向量子空间，则A依X中的范数同样为赋范空间；若再假定A中任一收敛序列的极限属于A，则称A为X的闭子空间，以下常用来判定某些空间完备性的简单命题是常用的。

命题 2.1.1 设A是赋范空间X的子空间。若A完备，则它是X的闭子空间；若X完备而A为闭子空间，则A亦完备。因此，Banach空间的子空间是Banach空间的充要条件是它为闭子空间。

证明是简单的，留作习题。

2.2 具有基的Banach空间

在赋范空间的研究中，基本的问题是空间过大了，它包含太多的元素，因而难以把握。例如，空间$L^p[a,b]$除了包含$[a,b]$上的所有连续函数之外，还包含"更多"的性质很差的函数，这使得似乎很难在如此庞杂的对象中解决问题，能否仅仅依赖于空间中少数挑选的元素作为"基干"，而其余的元素可用这些基本的元素表示出来？这就是基的概念。实际上，在线性代数中已得益于基的概念了。一个（有限维）向量空间X的基，是一

组线性无关的元素$\{e_1, e_2, \cdots, e_n\}$，使得每个$x \in X$可表为$e_1, e_2, \cdots, e_n$的线性组合，用记号表示就是

$$X = \mathrm{Span}\{e_1, e_2, \cdots, e_n\} \tag{2-7}$$

在某种意义上，对于X的研究，仅使用n个元$e_1, e_2, \cdots, e_n$就够了。我们要将同一思想用于一般赋范空间，不过，不像表达式(2-7)那样仅用代数运算，还要用到极限运算。简单地说，我们的任务是：在赋范空间X中挑选一个较小的子集A，使得每个$x \in X$都可用A中的元通过极限运算与代数运算表示出来，因而某些问题只需在A上处理就够了。这一节我们就讨论这类特殊的空间——具有基的Banach空间。

定义 2.2.1 设$A, B \subset X$。

(i)若$\overline{A} = X$，则称A为X中的稠集，或说A是稠密的；若$B \subset \overline{A}$，则说A在B中稠密，当$A \subset B \subset \overline{A}$时，称$A$为$B$的稠子集。

(ii)若$\overline{\mathrm{Span} A} = X$，即$\mathrm{Span} A$为稠集，则称$A$为$X$的基本集。

(iii)若$A = \{e_n : n \in \mathbb{N}\}$，每个$x \in X$可唯一地表为$\{e_n\}$的无限线性组合，

$$x = \sum_{n=1}^{\infty} \alpha_n e_n$$

则称A为X的基或Schauder基。

(iv)若X中有可数的稠集，则称X为可分空间，一般地，若B含有可数的稠子集，则称B为可分集。

直接从定义看出，若A是X的稠集，则每个$x \in X$可表示为A中某个序列的极限，或说x可用A中的元逼近；若A是X的基本集，则每个$x \in X$可用A中元的线性组合逼近。显然，稠集与Schauder基都是基本集，另一个常用的简单结果是：

命题 2.2.1 X可分$\Leftrightarrow X$有可数的基本集。

证 只需证明，若A是X的可数基本集，B是A中元的有理系数线性组合之全体，则B是可数集，且$\overline{B} = X$，从而X是可分的。

下面考虑一些具体空间中基本集的例子。

例 2.2.1 1. 令 $e_i = (0, \cdots, 0, 1, 0, \cdots)$，1在第$i$项。今指明$\{e_i : i \in N\}$是空间$l^p(1 \leqslant p < \infty)$的Schauder基，因而亦是$l^p$的基本集，于是$l^p$是可分的。

事实上，任给$x = (x_i) \in l^p$，由$\sum |x_i|^p < \infty$推出：
$$\|x - \sum_{i=1}^{n} x_i e_i\|^p = \sum_{i>n} |x_i|^p \to 0 \quad (n \to \infty)$$
这正表明$x = \sum_{i=1}^{\infty} x_i e_i$。

为行文简便，今后称$\{e_i\}$为l^p的标准基。当涉及l^p与$\{e_i\}$而未加说明时，总假定$\{e_i\}$是标准基。

2. 令
$$A = \{\chi_{[a,x]} : x \in [a,b]\} \tag{2-8}$$

易见Span$A$由$[a,b]$上的阶梯函数组成。因为每个$u \in L^p[a,b](1 \leqslant p < \infty)$可用阶梯函数$p$次平均逼近，故$A$是$L^p[a,b]$的基本集。注意到式(2-8)中可限定$x$取有理数而使$A$为可数集。可见空间$L^p[a,b]$是可分的。

3. 令$A = \{x^n : n \in \mathbf{Z}_+\}$，则Span$A$就是多项式全体，于是由著名的Weierstrass定理指出：$\overline{\text{Span}A} = C[a,b]$，从而$A$是$C[a,b]$的基本集，且$C[a,b]$是可分的。注意，$A$也是$L^p[a,b](1 \leqslant p < \infty)$的基本集。

一般说来，为充分利用基本集的好处，通常应将它取得尽可能地"小"，而且其中的元素足够简单，或已被充分研究而容易把握，因而容易在其上建立某些命题；而通过一个极限过程，就可将这些命题推广到全空间上，这种方法在整个泛函分析中具有基本意义。下面看一简单例子。

例 2.2.2 令$A = \{\chi_{[a,x]} : x \in [a,b]\}$，对任给$n \in N$，定义$L^1[a,b]$上的泛函
$$f_n(u) = \int_a^b u(x) \sin nx \, dx \quad \forall u \in L^1[a,b]$$
不难验证$\lim_n f_n(\chi_{[a,x]}) = 0 (\forall x \in [a,b])$，进而推出，$\forall u \in A$，有$\lim_n f_n(u) = 0$。现利用$A$为稠集推出上述结论适用于任何$u \in L^1[a,b]$。

事实上，$\forall \varepsilon > 0$，取$v \in A$，使$\|u - v\|_1 < \varepsilon$；取$N > 0$，使得
$$|f_n(v)| < \varepsilon \quad (\forall n \geqslant N)$$

则当 $n \geqslant N$ 时，有
$$|f_n(u)| \leqslant |f_n(v)| + |f_n(u) - f_n(v)|$$
$$< \varepsilon + \int_a^b |u(x) - v(x)||\sin nx|\mathrm{d}x$$
$$\leqslant \varepsilon + \varepsilon(b-a)$$

可见 $\lim_n f_n(u) = 0$。已证的事实就是熟知的的Lebesgue引理。

但是任一可分的Banach空间是否存在基则是一个长期没有解决的问题，直到1973年，才有数学家构造了一个不具有基的可分Banach空间的例子，参见文献[1]、[7]、[8]。

2.3 紧性

经典分析中有几个基本定理——有限覆盖定理、区间套定理、聚点定理等，构成整个经典分析的理论基础。实际上，这些定理在逻辑上是互相等价的。一个极具诱惑力的问题是，能将有限覆盖定理等推广到赋范空间吗？我们回忆到，为推广Cauchy收敛定理，界定了一类特殊的赋范空间，即Banach空间。其次也注意到，有限覆盖定理仅适用于特殊的集：闭区间；或更一般地，$\mathbf{R}^n$中的有界闭集。那么，在赋范空间中类似于闭区间，因而可对之推广有限覆盖定理的点集是什么呢？这样的集原来就是紧集，它就是本节的研究对象。

以下设 X 是给定的赋范空间。

定义 2.3.1 设 $A \subset X$，若 $\aleph$ 是 X 的一族子集且其中诸集之并包含 A，则称 $\aleph$ 覆盖 A，或称 $\aleph$ 为 A 的覆盖；若 $\mathfrak{S} \subset \aleph$ 且 $\mathfrak{S}$ 覆盖 A，则称 $\mathfrak{S}$ 是 $\aleph$ 的子覆盖。由开集组成的覆盖称为开覆盖。若 A 的任何开覆盖有有限子覆盖（即由有限个集组成的子覆盖），则称 A 为紧集。若 $\overline{A}$ 为紧集，则称 A 为相对紧集或（列紧集）。

于是可以说，紧集是使有限覆盖定理成立的点集；R中的闭区间与有界闭集是紧集。

命题 2.3.1 紧集是闭集；紧集的闭子集是紧集；相对紧集的任何子集是相对紧集。

证 设$A \subset X$是紧集，今证A^c是开集（从而A是闭集），取定$x \in A^c$，任给$a \in A$，取$\gamma_a > 0$充分小，使$B(a, \gamma_a) \bigcap B(x, \gamma_a) = \emptyset$，显然$\{B(a, \gamma_a) : a \in A\}$是$A$的开覆盖，而$A$是紧集，故有有限集$\{a_i\} \subset A$，使
$$A \subset \bigcup_i B(a_i, \gamma_{a_i}) \triangleq \aleph$$
因
$$x \in \bigcap_i B(x, \gamma_{a_i}) \subset \bigcap_i [B(a_i, \gamma_{a_i})]^c = \aleph^c \subset A^c$$
故x是A^c的内点，A^c为开集得证。

其次设B是紧集A的闭子集。若$\aleph$是B的开覆盖，则$\aleph \bigcup \{B^c\}$是A的开覆盖，于是有有限个$U_i \in \aleph$，使$A \subset B^c \bigcup (\bigcup_i U_i)$，这推出$B \subset \bigcup_i U_i$，可见$B$是紧集。

最后一个结论的证明是直接的。

直接用定义来判定集合的紧性未必容易，因此需要关于紧性的一些等价刻画，以下定理是最常用的。

定理 2.3.1 若A是Banach空间X的闭子集，则以下条件互相等价：

(i) A是紧集；

(ii) 若$B_n (n = 1, 2, \cdots)$是非空闭集，$A \supset B_1 \supset B_2 \supset \cdots$，则$\bigcap B_n \neq \emptyset$；

(iii) A中任何序列含收敛子列；

(iv) $\forall r > 0$，A可用有限个半径为r的球覆盖。

当A满足条件(iv)时（无论A为闭集与否），称它为全有界集。

定理中的(ii)可称之为"闭集套定理"，它显然可看作区间套定理的推广。至于(iii)，易见它等价于命题：A的任何无限子集必有聚点。因此，通过定理2.3.1，在Banach空间这一更高的层次上实现了有限覆盖定理、闭集套定理及聚点定理的统一。

在数学分析中，利用有限覆盖定理等基本定理证明了关于闭区间上连续函数的一系列结果，下面的定理正是这些结果在赋范空间的推广。

定理 2.3.2 设X,Y是赋范空间，$D \subset X$是紧集，$F \in C(D,Y), f \in C(D,R)$，则有以下结论：

(i) F在D上一致连续。即$\forall \varepsilon > 0, \exists \delta > 0$，当$x,y \in D, \|x-y\| < \delta$时，恒有$\|Fx - Fy\| < \varepsilon$。

(ii) f在D上取得最大值与最小值。

证 (i) 用反证法。若F在D上非一致连续，则有$\varepsilon > 0$，$x_n, y_n \in D(n = 1,2,\cdots)$，使$\|x_n - y_n\| \to 0$，而$\|Fx_n - Fy_n\| \geqslant \varepsilon(n = 1,2,\cdots)$。因$D$是紧集，故$\{x_n\}$有收敛子列。设$x_{n_k} \to x \in D(k \to \infty)$，同样有$y_{n_k} \to x$，但这推出

$$\varepsilon \leqslant \lim_k \|Fx_{n_k} - Fy_{n_k}\| = \|Fx - Fx\| = 0$$

得出矛盾，因此F必定一致连续。

(ii) 不妨只证最大值存在。取$\{x_n\} \subset D$，使$f(x_n) \to \beta \triangleq \sup_{x \in D} f(x)$。取$\{x_n\}$的收敛子列$\{x_{n_k}\}$，设$x_{n_k} \to x \in D$，则

$$\beta = \lim_{k \to \infty} f(x_{n_k}) = f(x)$$

显然β即为f在D上的最大值。

鉴于紧集在理论证明中具有难以比拟的简捷的优势，寻求特定空间中紧集的具体判别法就成为一重要课题，这一课题仅对于某些特殊的空间得到了彻底解答。首先，在有限维赋范空间中得到了最简单的结果。而在无穷维赋范空间中，有下面结论。为了证实这一点，我们首先证明一个有用的引理。

引理 2.3.1(F.Riesz) 设X_0是赋范线性空间X的真闭子空间，则对任意$\varepsilon > 0$，存在$x_0 \in X_0$，使得$\|x_0\| = 1$且对于每一$x \in X$，

$$\|x - x_0\| > 1 - \varepsilon$$

证 任取$x_1 \in X \setminus X_0$，记

$$d = \inf_{x \in X_0} \|x_1 - x\|$$

因为X_0是X的闭子空间，所以$d > 0$。因为如不然，则存在$x_n \in X_0$，使得$x_n \to x_1(n \to \infty)$，从而$x_1 \in X_0$，矛盾。

不妨设$\varepsilon < 1$，于是$\frac{d}{1-\varepsilon} > d$，由$d$的定义，存在$x_2 \in X_0$，使得
$$\|x_1 - x_2\| < \frac{d}{1-\varepsilon}$$
令
$$x_0 = \frac{x_1 - x_2}{\|x_1 - x_2\|}$$
则$\|x_0\| = 1$，并且对任意$x \in X_0$，
$$\begin{aligned}\|x - x_0\| &= \|x - \tfrac{x_1-x_2}{\|x_1-x_2\|}\| \\ &= \tfrac{1}{\|x_1-x_2\|}\|(\|x_1-x_2\|x + x_2) - x_1\| \\ &\geqslant \tfrac{d}{\|x_1-x_2\|} > 1 - \varepsilon\end{aligned}$$

定理 2.3.3 若$\dim X = \infty$，则X中的闭单位球不是紧集。

证 因$\dim X = \infty$，必有线性无关的无限序列$\{x_n\}$，令$X_n = \mathrm{Span}\{x_1, x_2, \cdots, x_n\}$，则$X_n$是$X$的闭子空间，且$X_n \subsetneq X_{n+1}, n = 1, 2, \cdots$，由Reizz引理，存在$x_n \in X_n$，使$\|x_n\| = 1, d(x_n, x_{n-1}) \geqslant \frac{1}{2}, n = 2, 3, \cdots$，因显然有
$$\|x_m - x_n\| \geqslant \frac{1}{2}, \quad m \neq n, \quad m, n = 2, 3, \cdots$$
故$\{x_n\}$没有收敛子列。因此闭球$\overline{B_1(0)}$不是紧集。

注意定理 2.3.3之证同时也表明无限维空间中单位球面是非紧的。任何（半径> 0）闭球可通过平移与相似变换互相变换，而这些变换并不改变紧性，故无限维空间中任何闭球是非紧的。这又推出，无限维空间中任何含内点的集是非紧的，因而任何紧集必无内点，这就多少揭示了无限维空间中紧集的独特性质。

如果囿于平常的直观，无限维空间中球面非紧似乎难以理解，回想起来，这实际上是很自然的。在完全严格的意义上，$\mathbf{R}^n$中单位球面$S_1(0)$的面积 随着维数的增加而增加，因而一定数量的点在$S_1(0)$上将越来越稀疏，如果$\dim X$增至无穷，则$S_1(0)$变得如此广袤，以至即使无限多个点分布于其上，它们也可能呈离散状态而无聚点，如同定理证明中的$\{x_n\}$一样。

定理 2.3.3表明，在某种意义上，无限维空间中的紧集甚为稀少，这通常是处理无限维问题的困难之所在。例如，设$B = \overline{B_1(0)} \subset X, f \in$

$C(B,R)$,若 $\dim X < \infty$,则可断定 f 有极大值存在;若 $\dim X = \infty$,则已不能作此断言。

空间 $L^p[a,b](1 \leqslant p < \infty)$ 与 $C[a,b]$ 中紧集的完全刻画都已找到,下面只引述一个最常用的结果。

定理 2.3.4 (Arzela-Ascoli) $A \subset C[a,b]$ 相对紧的充要条件:

(i) A 一致有界,即 $\sup\limits_{u \in A, x \in [a,b]} |u(x)| < \infty$;

(ii) A 等度连续,即 $\forall \varepsilon > 0, \exists \delta > 0, \forall x,y \in [a,b], \forall u \in A$,当 $|x-y| < \delta$ 时,恒有 $|u(x) - u(y)| < \varepsilon$。

2.4 有限维赋范线性空间

在这一节我们讨论有限维赋范空间,我们首先证明,在代数同构与拓扑同胚意义下有限维赋范空间只有一个,即 $\mathbf{R}^n$。其次通过紧性给出有限维赋范空间的一个特征性质。

2.4.1 等价范数

先引进赋范空间拓扑同构和等价范数的概念。

定义 2.4.1 设 X, X_1 均是赋范线性空间,如果满足下面的条件,就称 X, X_1 拓扑同构:

(i) X, X_1 作为线性空间是同构的,从 X 到 X_1 的同构映射用 T 表示;

(ii) T 及 T^{-1} 都是连续映射。

显然,等距同构是拓扑同构的特殊情形,而拓扑同构则是同胚的特殊情形。

定义 2.4.2 设 $\|\cdot\|_1$ 与 $\|\cdot\|_2$ 是线性空间 X 上的两个范数,如果存在常数 a, b,使得对于每一个 $x \in X$,

$$a\|x\|_1 \leqslant \|x\|_2 \leqslant b\|x\|_1$$

称这两个范数 $\|\cdot\|_1$ 与 $\|\cdot\|_2$ 是等价的。

如果线性空间 X 上两个范数 $\|\cdot\|_1$ 与 $\|\cdot\|_2$ 等价,则赋范空间

$(X, \|\cdot\|_1)$与$(X, \|\cdot\|_2)$代数同构拓扑同胚，在这两个空间中关于收敛性是同样的。

例 2.4.1 在例2.1.1中，在$\mathbf{R}^n$上定义范数为
$$\|x\| = (\sum_{k=1}^n |\xi_k|^2)^{\frac{1}{2}}, \quad x = (\xi_1, \xi_2, \cdots, \xi_n)$$

我们曾提到，在$\mathbf{R}^n$中也可以引进范数
$$\|x\|_1 = \max_{1 \leqslant k \leqslant n} |\xi_k|, \quad x = (\xi_1, \xi_2, \cdots, \xi_n)$$

由于
$$\max_{1 \leqslant k \leqslant n} |\xi_k| \leqslant (\sum_{k=1}^n |\xi_k|^2)^{\frac{1}{2}} \leqslant \sqrt{n} \max_{1 \leqslant k \leqslant n} |\xi_k|$$

即$\|x\|_1 \leqslant \|x\| \leqslant \sqrt{n}\|x\|_1$，可见，这两个范数是等价的。

2.4.2 有限维赋范线性空间的性质

定理 2.4.1 任意n维赋范线性空间必与$\mathbf{R}^n$代数同构拓扑同胚。

证 设$(X, \|\cdot\|)$是任意n维赋范线性空间且$\{e_1, e_2, \cdots, e_n\}$是这个空间的一个基，于是对任意的$x \in X$，可唯一地表示为
$$x = \xi_1 e_1 + \xi_2 e_2 + \cdots + \xi_n e_n$$

对于元$x \in X$，令
$$\overline{x} = (\xi_1, \xi_2, \cdots, \xi_n) \in \mathbf{R}^n$$

与之对应，显然，这样在X与$\mathbf{R}^n$之间建立的映射是映上的并且是一对一的，它是X到$\mathbf{R}^n$上的一个同构射。现在我们证明这个映射是同胚映射。

对于$x \in X$，我们有
$$\|x\| = \|\sum_{k=1}^n \xi_k e_k\| \leqslant \sum_{k=1}^n |\xi_k| \|e_k\|$$

$$\leqslant (\sum_{k=1}^n \|e_k\|^2)^{\frac{1}{2}} \cdot (\sum_{k=1}^n |\xi_k|^2))^{\frac{1}{2}} = \beta\|\overline{x}\| \tag{2-9}$$

其中常数β不依赖x。

另一方面，在空间$\mathbf{R}^n$的单位球面$S = \{(\xi_1, \xi_2, \cdots, \xi_n) \in \mathbf{R}^n :$

$\sum\limits_{k=1}^{n}|\xi_k|^2=1\}$上考虑函数

$$f(\overline{x})=f(\xi_1,\xi_2,\cdots,\xi_n)=\|x\|$$
$$=\|\xi_1 e_1+\xi_2 e_2+\cdots+\xi_n e_n\|$$

因为在S上ξ_k不能同时为0且$\{e_1,e_2,\cdots,e_n\}$线性无关,所以

$$f(\xi_1,\xi_2,\cdots,\xi_n)>0$$

由于

$$|f(\xi_1,\xi_2,\cdots,\xi_n)-f(\eta_1,\eta_2,\cdots,\eta_n)|=|\|x\|-\|y\||$$
$$\leqslant \|x-y\| \leqslant \beta\|\overline{x}-\overline{y}\|$$

$f(\xi_1,\xi_2,\cdots,\xi_n)>0$是连续函数,而$S$是$\mathbf{R}^n$中紧集,因此$f$在$S$上有最小值$\alpha>0$,由此对于每一$\overline{x}\in S$,

$$f(\overline{x})=\|x\|\geqslant \alpha$$

所以对于每一$x\in X$且$x\neq 0$,

$$f(\overline{x})=\|x\|=\|\overline{x}\|\cdot\|\frac{\sum\limits_{k=1}^{n}\xi_k e_k}{(\sum\limits_{k=1}^{n}|\xi_k|^2)^{\frac{1}{2}}}\|\geqslant \alpha\|\overline{x}\| \tag{2-10}$$

由式(2-9)及式(2-10)可见X与$\mathbf{R}^n$同胚。

由定理 2.4.1,在任意有限维赋范线性空间中点列收敛等价于按坐标收敛;任意有限维赋范线性空间是Banach空间;在任意有限维赋范线性空间中有界集是列紧集。后面这一性质实际上是有限维赋范线性空间的一个特征性质。

定理 2.4.2 赋范线性空间X是有限维的,当且仅当X中任意有界集是列紧集。

证 设X是有限维的,由定理 2.4.1,X中任意有界集是列紧集。反之,设X中任意有界集是列紧集。假设X是无穷维的,用S表示X中的单位球面

$$S=\{x\in X:\|x\|=1\}$$

任取$x_1\in S$,记X_1是由$\{x_1\}$生成的线性子空间,则X_1是X的真闭子空

间，于是由引理 2.3.1(F.Riesz)，存在$x_2 \in S$，使得对于每一$x \in X_1$，
$$\|x_1 - x\| > \frac{1}{2}$$
特别地
$$\|x_2 - x_1\| > \frac{1}{2}$$

记X_2是由$\{x_1, x_2\}$生成的线性子空间，与上同理，X_2是X的真闭子空间，于是存在$x_3 \in S$，使得对于每一$x \in X_2$，
$$\|x_3 - x\| > \frac{1}{2}$$
特别地
$$\|x_3 - x_2\| > \frac{1}{2} \quad \|x_3 - x_1\| > \frac{1}{2}$$

这样可以继续下去，由于X是无穷维的，可以找出S中的点列$\{x_n\}$，使得对于$i \neq j$，
$$\|x_i - x_j\| > \frac{1}{2}$$

显然，$\{x_n\}$不可能有收敛子列，这与S的列紧性相矛盾。所以X是有限维的。

2.5 商空间与积空间

从已知赋范空间构造新赋范空间的方法有很多，本节将介绍商空间与积空间。

2.5.1 赋范空间的商空间

设M是线性空间X的线性子空间。对于$x_1, x_2 \in M$，如果$x_1 - x_2 \in M$，我们认为$x_1 \sim x_2$，不难验证"$\sim$"是等价关系，对于$x \in X$，用$\widetilde{x}$表示以x为代表的等价类，$\widetilde{X}$表示所有X中元的等价类全体。我们在$\widetilde{X}$中定义线性运算：
$$\widetilde{x} + \widetilde{y} = \widetilde{x+y}$$
$$\alpha \widetilde{x} = \widetilde{\alpha x}$$

这样定义的运算不依赖代表的选取。

事实上，如果 $x, x_1 \in \widetilde{X}$, $y, y_1 \in \widetilde{Y}$，则 $x - x_1 \in M, y - y_1 \in M$，因此
$$(x+y) - (x_1+y_1) = (x-x_1) + (y-y_1) \in M$$
$$\alpha x - \alpha x_1 = \alpha(x-x_1) \in M$$
即 $\widetilde{x+y} = \widetilde{x_1+y_1}; \widetilde{\alpha x} = \alpha \widetilde{x_1}$。

由此不难验证（因为 $\widetilde{X}$ 中线性运算归结为 X 中线性运算）$\widetilde{X}$ 是一个线性空间，称这个空间为 X 关于子空间 M 的商空间，记为 X/M。

商空间的概念实际上在前面我们已经使用过了，在定义空间 $L^p(E)$ 时我们把 E 上两个几乎处处相等的 p 次幂可积函数看成是空间中的"同一元"，这种做法其实就是把 $L^p(E)$ 定义为一个商空间。即，设 X 是 E 上所有 p 次幂可积函数全体按通常方法定义线性运算构成的线性空间，M 是 E 上几乎处处为 0 的可测函数全体构成的 X 的子空间，$L^p(E)$ 正是商空间 X/M。

现在设 X 是赋范线性空间，M 是 X 的闭子空间，我们在商空间 X/M 中定义

$$\|\widetilde{x}\| = \inf_{y \in \widetilde{x}} \|y\|$$

则显然 $\|\widetilde{x}\| \geqslant 0$，如果 $\widetilde{x} = \widetilde{0}$ 则 $\widetilde{x} = M$，由定义 $\|\widetilde{0}\| = 0$。反之，如果 $\|\widetilde{x}\| = 0$，则存在点列 $\{x_n\} \subset \widetilde{x}$，使得 $\lim\limits_{n \to \infty} \|x_n\| = 0$。由于 M 是闭子空间，每一个 $\widetilde{x}$ 是 X 中的闭子集，所以 $0 \in \widetilde{x}, \widetilde{x} = M$，即 $\widetilde{x}$ 是商空间中的零元。

其次，由于对每一 $\alpha \in K$，有
$$\|\alpha x\| = |\alpha| \|x\|$$
在这个等式两边对 $y \in \widetilde{x}$ 所有取下确界，则有
$$\|\alpha \widetilde{x}\| = |\alpha| \|\widetilde{x}\|$$

最后，对于 $\widetilde{x}, \widetilde{y} \in X/M$，则
$$\|\widetilde{x} + \widetilde{y}\| \leqslant \|x+y\| \leqslant \|x\| + \|y\|$$
在上面不等式右端分别对所有 $x \in \widetilde{x}$ 及所有 $y \in \widetilde{y}$ 取下确界，则得
$$\|\widetilde{x} + \widetilde{y}\| \leqslant \|\widetilde{x}\| + \|\widetilde{y}\|$$

这样X/M是一个赋范空间，称这个空间为赋范空间X关于闭子空间M的赋范商空间。

定理 2.5.1 设X是Banach空间，M是X的闭子空间，则赋范商空间X/M是Banach空间。

证 设$\{\widetilde{x}_n\}$是X/M中任一Cauchy列，从$\{\widetilde{x}_n\}$中选取子列$\{\widetilde{x}_{n_k}\}$，使得
$$\|\widetilde{x}_{n_{k+1}} - \widetilde{x}_{n_k}\| < \frac{1}{2^k}, \quad k = 1, 2, \cdots$$
由商空间范数的定义，对于每一个k，可选取$y_k \in \widetilde{x}_{n_{k+1}} - \widetilde{x}_{n_k}$，使得
$$\|y_k\| < \|\widetilde{x}_{n_{k+1}} - \widetilde{x}_{n_k}\| + \frac{1}{2^k} < \frac{1}{2^{k-1}}$$
任取$x_{n_1} \in \widetilde{x}_{n_1}$，由上式可知级数
$$x_{n_1} + y_1 + y_2 + \cdots + y_m + \cdots$$
按X中范数收敛于某一元x。我们证明$\widetilde{x}_n \to \widetilde{x}$ $(n \to \infty)$。为此记$s_k = x_{n_1} + y_1 + y_2 + \cdots + y_m + \cdots$，则$s_k \to x$ $(k \to \infty)$。由于$x_{n_1} \in \widetilde{x}_{n_1}$及$y_k \in \widetilde{x}_{n_{k+1}} - \widetilde{x}_{n_k}$，因此
$$\|\widetilde{x} - \widetilde{x}_{n_{k+1}}\| \leqslant \|x - s_k\|$$
因此$\{\widetilde{x}_n\}$的子列$\{\widetilde{x}_{n_k}\}$收敛于$\widetilde{x}$。由于$\widetilde{x}_n$是Cauchy列，必有$\widetilde{x}_n \to \widetilde{x}$ $(n \to \infty)$。证毕。

2.5.2 赋范空间的积空间

从已知赋范空间构造新赋范空间的另一方法是构造积空间。

设$(X_1, \|\cdot\|_1), (X_2, \|\cdot\|_2)$是赋范空间。在积集$X_1 \times X_2$中按坐标定义线性运算，显然这时$X_1 \times X_2$是一个线性空间。如果$z \in X_1 \times X_2, z = (x, y), x \in X_1, y \in X_2$，定义
$$\|z\| = \|x\|_1 + \|y\|_2$$
不难验证，这时$X_1 \times X_2$是赋范空间，并且如果X_1及X_2都是Banach空间，则$X_1 \times X_2$也是Banach空间。

2.6 纲定理

设 X 是 Banach 空间，A 是 X 中由某一条件 P 界定的对象之全体。例如 $X = C[a,b]$，A 是 X 中有界变差函数之全体，或可微函数之全体，等等。一个极有意义的问题是：满足条件 P 的对象在 X 中具有普遍性吗？例如，在连续函数空间中，可微函数具有普遍性吗？问题看来远不简单，我们首先试图对问题找到一种恰当的描述。关键在于何谓普遍，何谓稀有？形式上，设 $\emptyset \neq \mathcal{A} \subset 2^X$，$2^X$ 记 X 的幂集（即 X 的子集之全体）。若 $\mathcal{A}$ 满足以下条件：

(C1) 若 $A_n \in \mathcal{A}(n = 1, 2, \cdots)$，则 $\bigcup A_n \in \mathcal{A}$；

(C2) 若 $A \subset B \in \mathcal{A}$，则 $A \in \mathcal{A}$，特别 $\emptyset \in \mathcal{A}$；

(C3) 若 $A \subset \mathcal{A}$，则 $A^c \not\subseteq \mathcal{A}$，

则可以认为，在某种意义上，每个 $A \in \mathcal{A}$ 都是"很小"的集，即使从 X 中除去任意可数多个这样的集，X 中仍然有些点保留下来，而且剩余部分还是"很大"的集。这样，我们不妨说，当 $A \in \mathcal{A}$ 时 A 描述了稀有性，而 A^c 则描述了一般性。极而言之，可以说 X 中几乎所有的元都属于 A^c，而 A 则是微不足道的。

这就为解决稀有性与一般性问题提出了一个简单模式，它看来是很诱人的。然而，如何选择集族 $\mathcal{A}$，使上述设想便于付诸实行呢？可行的方案不止一种，Baire 的第一纲集概念或许是一种很有效的选择。

定义 2.6.1 设 X 是一赋范空间，$A \subset X$。

(i) 若 $(\overline{A})^o = \emptyset$，则称 A 为是疏集。

(ii) 可数个疏集之并称为第一纲集；第一纲集的补集称为剩余集；非第一纲集称为第二纲集。

直接由定义看出，无内点的闭集是疏集。特别地，单点集总是疏集，因而可数集是第一纲集；例如，有理点集就是 $\mathbf{R}$ 中的第一纲集。其次显然疏集是第一纲集。由此推想，第一纲集含点"较少"，是一种"瘦集"；而第二纲集则是"非瘦集"。进一步的描述已超出通常直观可及的视野。

若以$\mathcal{A}$记X中第一纲集之全体，则易见$\mathcal{A}$满足前段所述的条件(C1)、(C2)。至于(C3)满足与否则尚不明显，这正是如下基本定理所要回答的。

定理 2.6.1(Baire) 设A是Banach空间X中的第一纲集，则以下结论成立：

(i) $A^o = \emptyset, \overline{A^c} = X$；

(ii) A^c是第二纲集。

证 设$A = \bigcup A_n, A_n(n=1,2,\cdots)$是疏集。

(i) 只需证$A^o = \emptyset$，用反证法。设$A^o \neq \emptyset$。因A^o是非空开集，而$(\overline{A_1})^o = \emptyset$，即$(\overline{A_1})^o$是开的稠集，故$A^o \bigcap (\overline{A_1})^o = A^o \backslash \overline{A_1}$是非空开集，因而其中必含一个闭球$\overline{B}_{r_1}(x_1)$，可设$0 < r_1 < 1$。分别以$B_{r_1}(x_1)$与$A_2$代$A^o$与$A_1$，又得
$$\overline{B}_{r_2}(x_2) \subset \overline{B}_{r_1}(x_1) \backslash \overline{A}_2, \ \ 0 < r_2 < \frac{1}{2}$$
一般地，可递次得出
$$\overline{B}_{r_n}(x_n) \subset \overline{B}_{r_{n-1}}(x_{n-1}) \backslash \overline{A}_n, \ \ 0 < r_n < \frac{1}{n}, (n=2,3,\cdots)$$
因当$m > n$时，有$\overline{B}_{r_m}(x_m) \subset B-r_n(x_n)$，这推出
$$\|x_m - x_n\| < r_n < \frac{1}{n}, \ \ m > n = 1, 2, \cdots$$
故$\{x_n\}$是Cauchy列。设$x_n \to x (n \to \infty)$，则由
$$x \in \bigcap_{n=1}^{\infty} \overline{B}_{r_n}(x_n) \subset (A^o \backslash \overline{A}_1) \bigcap \{\bigcap_{n=2}^{\infty} [B_{r_{n-1}}(x_{n-1}) \backslash \overline{A}_n]\}$$
$$\subset A \backslash \bigcap_{n=1}^{\infty} A_n = \emptyset$$
得出矛盾，证毕。

(ii) 若A^c是第一纲集，则$X = A \bigcup A^c$亦为第一纲集。但由已证的(i)，这将得出$X^o = \emptyset$。因此A^c只能为第二纲集。

在定理 2.6.1中，X的完备性是重要的。例如，设P_n是区间J上次数$\leqslant n$的多项式之全体，则P_n是$C(J)$的闭子空间。令$X = \bigcup_{n=1}^{\infty} P_n$，则$X$是一不完备的赋范空间，$P_n$是$X$中的疏集，因而$X$自身为第一纲集。

鉴于Banach空间中的第一纲集之全体满足本节开头所提出的条件(C1)~(C3)，因而Banach空间中的第一纲集与剩余集可分别用来刻画稀有性与一般性，这在泛函分析及其应用中意义重大。

应用定理2.6.1的途径有两条，其一是利用基于Baire定理的某些标准结果，例如本节将介绍的开映射定理与一致有界原理，这可看作Baire定理的间接应用。其二是直接应用定理。这一途径通常依赖于直接构造某个第一纲集，需要更多的技巧性。下面举两个这一类的例子，我们将着重解释方法的主要思路，而不拘泥于个别细节的推导。

以下设$J = [a,b](a < b)$是取定的实区间。

例 2.6.1 J上几乎所有连续函数具有无限全变差。

证 因为$X = C(J)$依sup范数是一Banach空间。令
$$A = \{u \in X : V_a^b(u) < \infty\}$$
其中$V_a^b(u)$为函数u在区间$[a,b]$上的全变差。只需验证A是X中的第一纲集。为此，令
$$A_n = \{u \in X : V_a^b(u) \leqslant n\}, \quad n = 1, 2, \cdots$$
则$A = \bigcup A_n$，只需验证每个A_n是X中的疏集。不难看出A_n是闭集，因此只需证$A_n^o = \emptyset$，即$\overline{A_n^c} = X$，这相当于证每个$u \in X$可用A_n^c中的函数一致逼近。因
$$A_n^c = \{u \in X : V_a^b(u) > n\}$$
故问题归于证明：每个给定的$u \in X$可用全变差充分大的连续函数一致逼近。显然，这可用振动足够快的"锯齿形函数"的逼近来实现。

大家或许还记得，在实变函数课程中，特别构成的"反例"表明：连续函数未必是有界变差函数。而上述结论则要深刻得多：具有无限变差的连续函数不只是存在，而且实际上并非特例，而几乎是通例。得出这一结论并未借助于任何"反例"，结论本身与构造反例的难易毫不相干。于此，大家大概已初步领略到泛函分析的惊人效力。正是这一方法的强大效力，使泛函分析的早期开创者们一度如此迷恋于该方法的应用，以致"纲推理"一词曾经风行一时，更多例子参见文献[2]、[5]、[6]、[8]。

习题二

1. 设$(X, \|\cdot\|)$是赋范空间。对于$x, y \in X$，令
$$d_1 = \begin{cases} 0, x = y, \\ \|x-y\| + 1, x \neq y \end{cases}$$
证明：d_1是X上的距离但不是由范数诱导的距离。

2. 设c是一切收敛数列组成的集，线性运算与l^p中的相同，在c中令
$$\|x\| = \sup_{n \geqslant 1} |\xi_n|$$
其中$x = (\xi_1, \xi_2, \cdots, \xi_n, \cdots) \in c$，则$c$按照$\|\cdot\|$为可分的Banach空间。

3. 设c_0是一切收敛于零的数列组成的集，线性运算与l^p中的相同，在c_0中令
$$\|x\| = \sup_{n \geqslant 1} |\xi_n|$$
其中$x = (\xi_1, \xi_2, \cdots, \xi_n, \cdots) \in c$，则$c$按照$\|\cdot\|$为可分的Banach空间。

4. 如果$C[0,1]$中的闭子空间的元素连续可微，则它是有限维的。

5. 证明：在赋范空间中，任何收敛点列都是基本点列，任何基本点列都是有界的。

6. 证明：赋范空间中的任一开球$S(x_0, r)$是凸开集。

7. 证明：赋范空间X中任一凸集A的内部A^o是凸开集。

8. 证明：
$$A = \{x \in C[0,1] | x = x(t) \geqslant 0, \forall t \in [0,1]\}$$
是连续函数空间$C[0,1]$中的闭凸集。

9. 设$1 < p < q < \infty$，证明：
$$C[a,b] \subset L^\infty[a,b] \subset L^q[a,b] \subset L^p[a,b] \subset L[a,b]$$
且包含关系是严格的。

10. 设$1 \leqslant p < \infty$，记$B[a,b]$是$[a,b]$上有界可测函数全体，证明：$B[a,b]$在$L^p[a,b]$上稠密。

11. 设$1 \leqslant p < \infty$，视$C[a,b]$为$L^p[a,b]$的子空间，证明：$C[a,b]$在$L^p[a,b]$中稠密。

12. 证明：$l^p(1 \leqslant p < \infty)$是可分空间。

13. 证明：$L^p(1 \leqslant p < \infty)$是可分空间。

14. 证明：空间$l^p(1 \leqslant p < \infty)$是完备的。

15. 证明：空间L^∞是完备的。

16. 设$[a,b]$上的连续函数序列$\{x_n\}$在$[a,b]$上一致收敛于x，证明：$x(t)$在$[a,b]$上是连续的。

17. 设X是完备的距离空间，$\{G_n\}$是X中一列稠密的开集，证明：$\bigcap_{n=1}^{\infty} G_n$也是$X$中的稠密集。

18. 设M是空间l^∞中除有穷个坐标之外为0的元之全体构成的子空间。证明：M不是闭子空间。

19. 试举例说明：在赋范空间中，由$\sum_{n=1}^{\infty} \|x_n\| < \infty$，一般地不能推出$\sum_{n=1}^{\infty} x_n$收敛。

20. 设$(X, \|\cdot\|)$是赋范空间，$X \neq \{0\}$。证明：X是Banach空间，当且仅当，X中的单位球面$S = \{x \in X : \|x\| = 1\}$是完备的。

21. 设E是直线上的Lebesgue可测集，且$mE < \infty$，用$\|\cdot\|_p$表示$L^p(E)(p \geqslant 1)$的范数，$\|\cdot\|_\infty$表示$L^\infty(E)$的范数。证明：对于每一$x \in L^\infty(E)$，

$$\lim_{p \to \infty} \|x\|_p = \|x\|_\infty$$

22. 设$(X_1, \|\cdot\|_1), (X_2, \|\cdot\|_2)$是赋范空间，在乘积线性空间$X_1 \times X_2$中定义

$$\|z\|_1 = \|x_1\|_1 + \|x_2\|_2; \|z\|_2 = \max(\|x_1\|_1, \|x_2\|_2)$$

其中$z \in X_1 \times X_2, z = (x_1, x_2)$。证明：$\|z\|_1, \|z\|_2$是$X_1 \times X_2$上的等价范数。

23. 设X是区间$[a,b]$上所有连续函数全体按通常方式定义线性运算所

成的线性空间。对于$x \in X$定义
$$\|x\| = \sup_{a \leqslant t \leqslant b} |x(t)|; \|x\|_1 = \int_a^b |x(t)|\mathrm{d}t$$
证明：$\|\cdot\|$与$\|\cdot\|_1$是X上两个不等价的范数。

24. 设$(X, \|\cdot\|)$是赋范空间，Y是X的子空间，对于$x \in X$，令
$$\delta = d(x, y) = \inf_{y \in Y} \|x - y\|$$
如果存在$y_0 \in Y$，使得$\|x - y_0\| = \delta$，称y_0是x的最佳逼近。

(1)证明：如果Y是X的有穷维子空间。则对每一$x \in X$，存在最佳逼近。

(2)试举例说明：当Y不是有穷维空间时，(1)的结论不成立。

(3)试举例说明：一般地，最佳逼近不唯一。

(4)证明：对于每一点$x \in X$，x关于子空间Y的最佳逼近点集是凸集。

25. 设X是赋范空间，L是X的闭子空间，在X/L中令
$$\|\xi\| = \inf_{x \in \xi} \|x\| \quad ((\xi \in X/L)$$
证明：X/L按照$\|\cdot\|$是赋范空间。若X可分，则X/L也可分。任取$x \in \xi$，证明：$\|\xi = d(x, L)$，这里$d(x, L)$表示x与L的距离。

26. 设X是Banach空间，L是X的闭子空间，按照商空间中定义的元素的范数，证明：X/L是Banach空间。

27. 证明：列紧集为紧集的充分必要条件是它为闭的。

28. 证明：列紧集的闭包是紧集。

29. 证明：列紧集的任何子集是列紧集，紧集的任何闭子集是紧集。

30. 证明：序列空间S中的无穷子集M为紧的必要条件是：存在数$v_1, v_2, \cdots$，使得对于所有$x = \{\xi_k(x)\} \in M$，有$|\xi_k(x)| \leqslant v_k$。

31. 设$(X, \|\cdot\|)$是赋范空间，如果对任意$x, y \in X$，$x \neq y$且$\|x\| = \|y\| = 1$必有$\|x + y\| < 2$，称$(X, \|\cdot\|)$是严格凸赋范空间。

(1)证明：赋范空间$(X, \|\cdot\|)$是严格凸的，当且仅当，对任意$x, y \in X, \|x + y\| = \|x\| + \|y\|$必有$x = \alpha y \quad (\alpha > 0)$。

(2)证明：在严格凸赋范空间中，对于每一个$x \in X$，x关于任意子空间Y的最佳逼近是唯一的。

32. 设$(X, \|\cdot\|)$是赋范空间。如果对任意$\varepsilon > 0$，存在$\delta > 0$，当$\|x - y\| \geqslant \varepsilon, \|x\| = \|y\| = 1$时必有$\|x + y\| \leqslant 2 - \delta$。称$(X, \|\cdot\|)$是一致凸的。证明：

(1)$C[a, b]$不是一致凸的。

(2)$L^1[a, b]$不是一致凸的。

(3)一致凸赋范空间必是严格凸的。

第 3 章

Banach空间上的有界线性算子

Banach空间上的线性算子理论，构成泛函分析的核心内容，也是泛函分析应用于各个领域的主要工具。从逻辑上说，线性算子理论无疑是有限维空间中线性变换理论的自然延伸，因而不可避免地沿用某些线性代数的思路与术语，以致在某种意义上可将线性算子理论看作"无限维空间上的线性代数学"。我们将会看到，这一比拟十分有用，但亦很受局限。关键在于，在无限维空间中，连续性是一本质因素，由此引出一个复杂得多的理论。

本章中涉及的X,Y,Z等总假定为赋范空间，在同一空间中用到同一数域K，大部分结果同时适用于$K = \mathbf{R}$与$\mathbf{C}$两种情况。一部分结果依赖于空间的完备性，只要碰到这种情况，总会明确指出并加以强调。

3.1 有界线性算子

微分方程、积分方程、经典力学、量子力学中的许多问题，往往以算子或算子的解的形式出现，例如，在第1章中，利用压缩映象原理讨论微分方程、积分方程解的存在性、唯一性时，我们就是将它们换成映射（即算子）的形式来考虑的。因此算子的概念与距离空间、赋范线性空间一样是泛函分析中的基本概念，撇开各类算子的具体属性，我们可以将算子分成两大类：一类是线性算子，另一类是非线性算子。这一节的目的是介绍有界线性算子的一些基本性质，关于有界线性算子更深入的介绍将在后面的章节中进行讨论。

首先概述纯代数意义上的线性算子概念。

若一个映射$T: X \to Y$满足
$$T(\alpha x + \beta y) = \alpha Tx + \beta Ty \quad (\alpha, \beta \in K, x, y \in X) \tag{3-1}$$
则称T为从X到Y的线性算子。恒等式(3-1)意味着T保持线性运算，它可推广为更一般的
$$T(\sum_i \alpha_i x_i) = \sum_i \alpha_i T x_i \quad (\alpha_i \in K, x_i \in X, 1 \leqslant i \leqslant n) \tag{3-2}$$
正是恒等式(3-2)决定了线性算子具有一系列良好的代数性质，今将其主要者概述如下（证明是简单的，详见有关线性代数书籍）。

命题 3.1.1 设$T: X \to Y$是一线性算子，则以下结论成立：

(i)任给子空间$A \subset X$与子空间$B \subset Y$，TA与$T^{-1}B$分别为Y与X的子空间；特别地，值域$R(T) = TX$与零空间（或核）$N(T) = T^{-1}(0)$分别为Y与X的子空间。

(ii)若向量组$\{x_i\} \subset X$线性相关，则$\{Tx_i\}$亦线性相关；若$A \subset X$是子空间且$\dim A < \infty$，则$\dim TA \leqslant \dim A$。

(iii)T是单射$\Leftrightarrow N(T) = \{0\}$。

例 3.1.1 (1)设X是向量空间，映射$I: x| \to x$是X上的恒等算子，I是线性算子。

(2)设X是向量空间，映射$O: x| \to \theta$是零算子，零算子是线性算子。

(3)设$P[a,b]$是$[a,b]$上所有多项式组成的向量空间，$T: x(t)| \to \frac{\mathrm{d}x}{\mathrm{d}t}$是微分算子，是$P[a,b]$上的线性算子。

(4)$Tx(t) = \int_a^t x(\tau)\mathrm{d}\tau$定义一个从$C[a,b]$到自身的线性算子，称为积分算子。

(5)$Tx(t) = tx(t)$是$C[a,b] \to C[a,b]$的线性算子。

(6)一个m行n列矩阵$\boldsymbol{A} = (a_{ij})$通过
$$y = Ax, x = (\xi_j) \in \mathbf{R}^n, y = (\eta_i) \in \mathbf{R}^m$$
定义的算子$T: \mathbf{R}^n \to \mathbf{R}^m$是线性算子。

以上结论完全不涉及空间X, Y的赋范结构，而下述定义则引进了本质上新的因素。

定义 3.1.1 设$T: X \to Y$是一个线性算子，令
$$\|T\| = \sup_{x \neq 0} \frac{\|Tx\|}{\|x\|} \tag{3-3}$$

若$\|T\| < \infty$，则称T为从X到Y的有界线性算子，称$\|T\|$为T的算子范数，简称为范数。若$\|T\| = \infty$，则称T为无界算子。

直接从定义推出，线性算子$T: X \to Y$有界可等价地刻画为：

(i) $\exists k > 0, \forall x \in X : \|Tx\| \leqslant k\|x\|$；

(ii) T将X中的有界集映为Y中的有界集。"有界算子"一词，即由此而来。

本书以$L(X,Y)$记从X到Y的有界线性算子之全体，$L(X,X)$就简写作$L(X)$。

对于$T \in L(X,Y)$，算子范数$\|T\|$是一个最重要的数量指标。它的直观意义是什么呢？为看得更清楚些，我们给出公式(3-3)的几个等价形式：

$$\|T\| = \sup_{\|x\|=1} \|Tx\| \tag{3-4}$$

$$= \sup_{\|x\| \leqslant 1} \|Tx\| \tag{3-5}$$

$$= \inf\{k \geqslant 0 : \|Tx\| \leqslant k\|x\| (\forall x \in X)\} \tag{3-6}$$

为验证(3-4)~(3-6)，首先指出，直接由(3-3)有
$$\|Tx\| \leqslant \|T\|\|x\| \quad (\forall x \in X \tag{3-7}$$

由此易推出
$$\|T\| = \sup_{\|x\|=1} \|Tx\| \leqslant \sup_{\|x\| \leqslant 1} \|Tx\| \leqslant \|T\|$$

这得出等式(3-4)、(3-5)。若以ρ记式(3-6)之右端，则由式(3-7)推出$\rho \leqslant \|T\|$。另一方面，由
$$\|Tx\| \leqslant k\|x\| \quad (\forall x \in X) \tag{3-8}$$

显然推出$\|T\| \leqslant k$，因此$\|T\| \leqslant \rho$。故得$\|T\| = \rho$，即等式(3-6)成立。

注意式(3-6)中的inf实际上是min。

现在利用算子范数公式(3-3)~(3-6)从不同角度阐明$\|T\|$的意义。因$\frac{\|Tx\|}{\|x\|}$是Tx与x两者的"长度"之比，故式(3-3)表明是变换T的"最大伸张系数"。其次，闭单位球$\overline{B}_1(0)$的象$T\overline{B}_1(0)$包含于某个以0为心的最小闭球，而式(3-5)表明此闭球的半径正是$\|T\|$；式(3-4)则表明$TS_1(0)$已"触到"球面$S_{\|T\|}(0)$。最后，注意形如式(3-8)的不等式给出了对$\|Tx\|$估计；其中k愈小，所得的估计愈精确。于是等式(3-6)表明，不等式(3-7)给出对$\|Tx\|$的某种最佳估计。对于有界线性算子理论的应用，关于$\|T\|$的最后这个解释或许是最有意义的，而式(3-8)则是泛函分析中用得最频繁的不等式之一。

例 3.1.2 设$J=[a,b](a<b)$。定义
$$(Tu)(x)=\int_a^x u(t)\mathrm{d}t,\quad x\in J, u\in C(J) \tag{3-9}$$

显然T是从空间$C(J)$到自身的线性算子。今求出$\|T\|$，下面所用的方法有一定的普遍性，读者应细加体会。依前面对$\|T\|$的解释，我们要求得出$\|Tu\|_0$的一个"最佳估计"。首先作一初步估计：
$$\begin{aligned}\|Tu\|_0 &= \max_{x\in J}|\int_a^x u(t)\mathrm{d}t|\\ &\leqslant \int_a^b|u(t)|\mathrm{d}t \leqslant (b-a)\|u\|_0\quad(\forall u\in C(J))\end{aligned}$$

由此得$\|T\|\leqslant b-a$。为验证上述估计实际上是"最佳的"，我们选择特殊的$u\in C(J)$检验，通常要求$\|u\|_0=1$，具体选定依赖于直接观察（这往往是困难之所在）。此处倒很简单：取$u(x)\equiv 1$，则
$$\|u\|_0=1, (Tu)(x)=x-a\quad(x\in J)$$
于是
$$b-a=\|Tu\|_0\leqslant \|T\|\|u\|_0=\|T\|$$

因而$\|T\|=b-a$。这表明估计式$\|Tu\|_0\leqslant(b-a)\|u\|_0$已不能再改进。

定义 3.1.2 设X与Y均为实（或复）的赋范线性空间，D为X的子空间，$T:D\to Y$是一线性算子，如果按照第1章的定义，T是连续的，则称T为连续线性算子。

例 3.1.3 将赋范线性空间X中的每个元x映成自身的算子,就是一个有界线性算子,也是一个连续线性算子,称它为X上的单位算子。单位算子常以I表示。将X中的每个元x映成0的算子,也是一个有界线性算子,同时也是连续线性算子,称它为零算子。

例 3.1.4 解析几何中常见的旋转变换
$$\begin{cases} x' = x\cos\theta - y\sin\theta \\ y' = x\sin\theta + y\cos\theta \end{cases}$$
就是二维实Euclid空间到它自身的一个有界线性算子,也是一个连续线性算子。

例 3.1.5 连续函数的积分
$$f(x) = \int_a^b x(t)\mathrm{d}t \quad (x \in C[a,b])$$
就是定义在连续函数空间$C[a,b]$上的一个有界线性泛函,也是一个连续线性泛函。

例 3.1.3、例 3.1.4及例 3.1.5中出现的线性算子或线性泛函既是有界的又是连续的。其实,对线性算子来说,有界性与连续性等价。

定理 3.1.1 设X,Y是赋范线性空间,T是从X上到Y中的线性算子,如果T在某一点$x_0 \in X$连续,则T是连续的。

证 任取$x \in X$及$x_n \in X(n=1,2,\cdots)$,使得$x_n \to x(n \to \infty)$。因为T是可加的,得

$$Tx_n - Tx = T(x_n - x) = T(x_n - x + x_0) - Tx_0 \tag{3-10}$$

由于加法的连续性及T在x_0点连续,$x_n - x + x_0 \to x_0(n \to \infty)$及$T(x_n - x + x_0) \to Tx_0(n \to \infty)$。由式(3-10),$Tx_n \to Tx(n \to \infty)$。证毕。

根据定理 3.1.1,为了证明:一个线性算子是连续的,只需证明:它在某一点连续,特别地在$x_0 = 0$连续就够了。

定理 3.1.2 设X,Y是赋范线性空间,T是X上到Y中的线性算子,则T是连续的,当且仅当T是有界的。

证 设T有界,则存在$M > 0$,使得
$$\|Tx\| \leqslant M\|x\| \quad (x \in X)$$

任取$x_n \in X(n = 1, 2, \cdots), x_n \to 0(n \to \infty)$,则有
$$\|Tx_n\| \leqslant M\|x_n\| \quad (n = 1, 2, \cdots)$$

在上式两端令$n \to \infty$,则得$Tx_n \to 0(n \to \infty)$,所以T连续。

反之,设T连续。假设T无界,则对每一个自然数n,存在$x_n \in X, x_n \neq 0$,使得
$$\|Tx_n\| \geqslant n\|x_n\| \tag{3-11}$$

令$y_n = \frac{x_n}{n\|x_n\|}$,则$\|y_n\| = \frac{1}{n} \to 0(n \to \infty)$,于是由$T$的连续性,$Ty_n \to 0(n \to \infty)$。另一方面,由式(3-11),
$$\|Ty_n\| = \|\frac{Tx_n}{n\|x_n\|}\| = \frac{\|Tx_n\|}{n\|x_n\|} \geqslant 1 (n = 1, 2, \cdots)$$

矛盾。所以T必有界。 证毕。

读者可能心存疑问:线性代数中研究有限维空间上的线性算子时,何以不提及连续性?原来有以下结论。

定理 3.1.3 设$T : X \to Y$是一线性算子,若$\dim X < \infty$,则T必连续。

证 任取X的基$\{e_1, e_2, \cdots, e_n\}$,由第2章定理 2.4.1的证明过程可知,映射
$$K^n \to X, \quad \lambda = (\lambda_i) \to \sum \lambda_i e_i$$

为拓扑同构,因此$|\lambda| \leqslant C\|x\|$,其中$x = \sum \lambda_i e_i \in X$是任给的。于是
$$\|Tx\| = \|\sum \lambda_i T e_i\| \leqslant \sum |\lambda_i| \|T e_i\|$$
$$\leqslant |\lambda|(\sum \|Te_i\|^2)^{\frac{1}{2}}$$
$$\leqslant C\|x\|$$

可见T连续。

正是有限维空间上线性算子的特殊性质给我们造成一种印象,似乎"线性性"与"连续性"应自然地联系在一起。在无限维空间中却并非如此。尽管大量应用上常见的线性算子确是连续的,但亦有不少常见且似乎

很"简单"的线性算子是不连续的,因而很难将不连续线性算子视为"病态"。实际上,在无限维空间中,无界算子的出现几乎有某种普遍性。下面就是一个简单例子。

例 3.1.6 设X是只含有限个非零项的数列之全体,它作为l^∞的子空间是一个赋范空间。任给$x = (x_i) \in X$,定义
$$Tx = (\sum_i ix_i, 0, 0, \cdots)$$
则易见$T: X \to X$是一线性算子。以e_i记第i项是1、其余项为0的数列,则$e_i \in X, \|e_i\|_\infty = 1$,而
$$\|Te_i\|_\infty = i \quad (i = 1, 2, \cdots)$$
可见T是一个无界算子。

从应用上的需要考虑,并不能将无界算子排除在线性算子理论之外。不过,无界算子无疑具有更大的复杂性。在带入门性质的本书中,我们将主要考虑有界线性算子。

例 3.1.7 在分析中,微分算子是线性算子的一个重要例子。在$C[0,1]$中考虑
$$Tx(t) = x'(t)$$
这个算子是$C[0,1]$中到$C[0,1]$中的线性算子,显然它不能在全空间上定义,而只能在具有连续导数(在端点$t = 1, t = 0$处分别取左、右导数)的线性子空间上,这个算子不是有界的。

事实上,取$x_n(t) = \sin nt \ (n = 2, 3, \cdots)$,则$\|x_n\| = 1$,但是$\|Tx_n\| = n\|\cos nt\| = n \to \infty (n \to \infty)$。可见$T$把定义域中单位球上的元映成$C[0,1]$中的无界集,所以$T$是无界的。

例 3.1.8 设$k(t,s)$是$a \leqslant t \leqslant b, a \leqslant s \leqslant b$上的连续函数。令
$$Tx(t) = \int_a^b k(t,s)x(s)\mathrm{d}s \ \ (x \in C[a,b])$$
显然T是$C[a,b]$上到$C[a,b]$中的线性算子。由于
$$\|Tx\| = \max_{a \leqslant t \leqslant b} |\int_a^b k(t,s)x(s)\mathrm{d}s|$$

$$\leqslant (\max_{a\leqslant t\leqslant b}\int_a^b |k(t,s)|\mathrm{d}s)\|x\| = \beta\|x\| \qquad (3\text{-}12)$$

其中$\beta = \max_{a\leqslant t\leqslant b}\int_a^b |k(t,s)|\mathrm{d}s$。由此可知，$T$是有界算子。我们证明：

$$\|T\| = \max_{a\leqslant t\leqslant b}\int_a^b |k(t,s)|\mathrm{d}s$$

由式(3-12)，只需证明：$\|T\| \geqslant \beta$。由于$\int_a^b |k(t,s)|\mathrm{d}s$是$t$的连续函数，所以存在$t_0 \in [a,b]$，使得

$$\beta = \int_a^b |k(t_0,s)|\mathrm{d}s$$

取$Z_0(s) = \mathrm{sgn}k(t_0,s)$，则$Z_0(s)$可测且$|Z_0(s)| \leqslant 1$。由Luzin定理，对于每个自然数$n$，存在$[a,b]$上的连续函数$x_n(t)$，使得$|x_n(t)| \leqslant 1$并且除去一个测度小于$\frac{1}{2Mn}$的可测集$E_n$之外，在$[a,b]\backslash E_n$上$x_n(s) = Z_0(s)$，其中$M = \max_{a\leqslant t,s\leqslant b}|k(t,s)|$。于是

$$\begin{aligned}\beta &= \int_a^b |k(t_0,s)|\mathrm{d}s = |\int_a^b k(t_0,s)Z_0(s)\mathrm{d}s| \\ &\leqslant |\int_a^b k(t_0,s)x_n(s)\mathrm{d}s| + \int_{E_n}|k(t_0,s)||Z_0(s)-x_n(s)|\mathrm{d}s \\ &\leqslant \|T\|\|x_n\| + 2MmE_n < \|T\| + \frac{1}{n}\end{aligned}$$

令$n \to \infty$，则有$\beta \leqslant \|T\|$。再由式(3-12)，$\|T\| = \beta$。

3.2 线性算子空间

在3.1节中我们研究了单个线性算子的性质，现在我们要从更高的层次来考虑有界线性算子。今后如不作特别声明，凡有界线性算子均假定它的定义域是整个空间X，我们将由赋范空间X到赋范空间Y中的每个有界线性算子看作一个元素，所有这些元素构成的集用$L(X,Y)$表示。在$L(X,Y)$上可以适当地定义线性运算使它成为一个线性空间，再以定义3.1.1中算子的范数作为$L(X,Y)$中元素的范数，它将成为一个赋范线性空间。这样从X到Y中的全部有界线性算子就很好地"组织了起来"而成为一个有机的整体。探讨这个整体的性质无疑是很有意义且很有必要的。

下面我们首先探讨算子空间$L(X,Y)$中的收敛性。

3.2.1 $L(X,Y)$中的收敛性

设X,Y是赋范空间，用$L(X,Y)$表示所有X上到Y中的有界线性算子全体。在$L(X,Y)$中可以自然地定义线性运算，即对于任意$A,B \in L(X,Y)$及$\alpha \in K$，定义

$$(A+B)(x) = Ax + Bx$$
$$(\alpha A)(x) = \alpha Ax$$

不难看出，两个有界线性算子相加及数乘一个有界线性算子仍是有界线性算子。此外我们取算子范数作为空间$L(X,Y)$中的范数，事实上，

(i)$\|A\| = \sup\limits_{\|x\|=1} \|Ax\| \geqslant 0$且如果$A = 0$（零算子），则对所有满足$\|x\|=1$的$x \in X, Ax = 0$，因此$\|A\| = 0$。反之，若$\|A\| = \sup\limits_{\|x\|=1}\|Ax\| = 0$，则对任意满足$\|x\|=1$的$x \in X\|Ax\| = 0$，从而$Ax = 0$，则$A = 0$；

(ii)$\|\alpha A\| = \sup\limits_{\|x\|=1}\|\alpha Ax\| = |\alpha|\sup\limits_{\|x\|=1}\|Ax\| = |\alpha|\|A\|$；

(iii)$\|A+B\| = \sup\limits_{\|x\|=1}\|Ax+Bx\| \leqslant \sup\limits_{\|x\|=1}\|Ax\| + \sup\limits_{\|x\|=1}\|Bx\| = \|A\| + \|B\|$。

由此可知，$L(X,Y)$是一个赋范线性空间，如果$Y = X$，我们把$L(X,Y)$简单记成$L(X)$。下面我们讨论空间$L(X,Y)$中的收敛性。

我们将$\{T_n\} \subset L(X,Y)(n = 1,2,3,\cdots)$按范数收敛于$T \in L(X,Y)$，即

$$\lim_{n\to\infty}\|T_n - T\| = 0$$

称为按算子范数收敛，不过在某些情形下，则使用一致收敛这一说法。

我们之所以将算子列依算子范数收敛又称为一致收敛，原因在于下面的定理所阐明的事实。

定理 3.2.1 设$T_n(n = 1,2,3,\cdots), T \in L(X,Y)$，则$\{T_n\}$依算子范数收敛于$T$的充分必要条件是$\{T_n\}$在$X$中的任一有界集上一致收敛于$T$。

证 必要性。设$\lim\limits_{n\to\infty}\|T_n - T\| = 0, A \subset E$为有界集。对于$A$，存在正

数 K 使得当 $x \in A$ 时，$\|x\| \leqslant K$，故
$$\|T_n x - Tx\| \leqslant \|T_n - T\|\|x\| \leqslant K\|T_n - T\| \tag{3-13}$$
任给 $\varepsilon > 0$，存在 $N > 0$，使得当 $n > N$ 时，$\|T_n - T\| < \frac{\varepsilon}{K}$。由式(3-13)，不等式
$$\|T_n x - Tx\| < \varepsilon \quad (n > N)$$
对于 $x \in A$ 一致地成立，故 $\{T_n\}$ 在 A 上一致收敛于 T。

充分性。设 $\{T_n\} \subset L(X, Y)$ 在 X 中的任一有界集上一致收敛于 $T \in L(X, Y)$。取 X 中的单位球面 $S = \{x : \|x\| = 1, x \in X\}$。根据假定，对任给的 $\varepsilon > 0$，存在 $N > 0$，使得当 $n > N$ 时，不等式
$$\|T_n x - Tx\| < \varepsilon$$
对于 $x \in S$ 一致地成立，于是
$$\|T_n - T\| = \sup_{\|x\|=1} \|T_n x - Tx\| \leqslant \varepsilon \quad (n > N)$$
故 $\{T_n\}$ 依算子范数收敛于 T。证毕。

定理 3.2.1 表明，将依算子范数收敛称为一致收敛是很自然的。

一般地，$L(X, Y)$ 作为赋范空间不一定完备，但若 Y 完备，则有下列定理。

定理 3.2.2 设 X 是赋范空间，Y 是 Banach 空间，则 $L(X, Y)$ 是 Banach 空间。

证 设 $\{T_n\}$ 是 $L(X, Y)$ 中任意 Cauchy 列，则对任意 $\varepsilon > 0$，存在 N，当 $n, m > N$ 时，
$$\|T_n - T_m\| < \varepsilon$$
于是对任意固定的 $x \in X$，
$$\|T_n x - T_m x\| \leqslant \|T_n - T_m\|\|x\| < \varepsilon\|x\| \tag{3-14}$$
由此可知，对于每一 $x \in X$，$\{T_n x\}$ 是 Y 中的 Cauchy 列，由于 Y 是完备的，所以存在 $y \in Y$，使得
$$T_n x \to y \quad (n \to \infty) \tag{3-15}$$

这样，对于每一$x \in X$，有$y \in Y$与之对应。令$Tx = y$表示这个对应关系。下证T是定义在X上而值域包含在Y中的有界线性算子，且是$\{T_n\}$在算子范数意义下收敛的极限。

T的线性是显然的。现证有界性。由于
$$|\|T_n\| - \|T_m\|| \leqslant \|T_n - T_m\| \to 0 \quad (n,m \to \infty)$$
$\{\|T_n\|\}$是Cauchy列，所以存在$M > 0$，使得$\|T_n\| \leqslant M (n = 1, 2, \cdots)$。因此对于每一$x \in X$，
$$\|Tx\| = \|\lim_{n \to \infty} T_n x\| = \lim_{n \to \infty} \|T_n x\| \leqslant M\|x\|$$
即T是有界算子，从而$T \in L(X, Y)$。

还需证明：$\{T_n\}$依算子范数收敛于T。在式(3-14)中令$m \to \infty$并利用式(3-15)以及等式$Tx = y$，得
$$\|T_n x - Tx\| \leqslant \varepsilon \|x\| \quad (x \in X, n > N)$$
因此
$$\|T_n - T\| \leqslant \varepsilon \quad (n > N)$$
即$T_n \to T(n \to \infty)$，$L(X, Y)$是Banach空间。证毕。

特别地，记$X^* = L(X, K)$，称X^*是X的共轭空间(或对偶空间)。即X的共轭空间是X上所有有界线性泛函构成的赋范空间，由定理3.2.2，任意赋范空间的共轭空间是Banach空间。

算子序列依算子范数的收敛无疑是一个重要概念，但是它还不能概括分析中另一些同样也很重要的收敛概念，例如著名的Bernstein定理中算子序列的收敛性，就不能概括在依算子范数收敛的概念中，请看下面的例子。

例 3.2.1 设$f(\cdot)$是定义在$[0, 1]$上的连续函数，$B_n(f; t)$是$f(\cdot)$的Bernstein多项式，即
$$B_n(f; t) = \sum_{k=0}^{n} f(\frac{k}{n})(n, k) t^k (1-t)^{n-k}$$
令$(L_n f)(t) = B_n(f, t)$，容易看出L_n是$C[0, 1]$到其自身的有界线性算子。根据Bernstein定理，对任一$f \in C[0, 1]$，当$n \to \infty$时，$B_n(f; t)$在$[0, 1]$上一

致收敛于$f(t)$，于是
$$\|L_n f - If\| \to 0$$

这里I表示$C[0,1]$上的单位算子。但可以证明：L_n不依算子范数收敛于I。

随便取定一个$k_0(0 < k_0 < n)$，作下面的连续函数：

记$t_0 = \frac{2k_0+1}{2n}$，则

$$\|L_n f_n - I f_n\| = \|B_n(f_n; \cdot) - f_n\| \geqslant |B_n(f_n; t_0) - f_n(t_0)|$$
$$= |\sum_{k=0}^{n} f_n(\tfrac{k}{n})(n,k) t_0^k (1-t_0)^{n-k} - f_n(t_0)|$$
$$= \sum_{k=0}^{n} (\tfrac{k}{n})(n,k) t_0^k (1-t_0)^{n-k} = 1$$

但$\|f_n\| = 1$，故
$$\|L_n - I\| \geqslant \|(L_n - I)f_n\| = 1$$

L_n不依算子范数收敛于I。

例 3.2.2 在l^p中定义算子T_n如下：
$$T_n x = x_n \quad (n = 1, 2, 3, \cdots)$$

其中$x = \{\xi_1, \xi_2, \cdots, \xi_n, \cdots\} \in l^p$，而$x_n = \{\xi_n, \xi_{n+1}, \cdots\}$。不难看出，$T_n$是有界线性算子且$\|T_n\| \leqslant 1$。注意到对每个$x \in l^p$，有$\|x_n\| \to 0 (n \to \infty)$，故
$$\lim_{n \to \infty} T_n x = 0$$

但$\{T_n\}$并不依算子范数收敛于0。这是因为对每个n，若取
$$y_n = \{\underbrace{0, \cdots, 0, 1}_{n}, 0, \cdots\}$$

则$\|y_n\| = 1$且$T_n y_n = \{1, 0, \cdots\}$，故
$$\|T_n\| \geqslant \|T_n y_n\| = 1$$

于是$\|T_n\| = 1$。因此$\{T_n\}$不依算子范数收敛于零算子。

鉴于例 3.2.1、例 3.2.2 反映出来的情形，我们引入下列收敛概念：

定义 3.2.1 设$T, T_n \in L(X, Y)(n = 1, 2, \cdots)$，若对每个$x \in X$，有
$$\lim_{n \to \infty} \|T_n x - Tx\| = 0$$

则称$\{T_n\}$强收敛于T，记为
$$\lim_{n\to\infty} T_n = T$$

按照这个定义，例 3.2.1中的算子序列$\{L_n\}$强收敛于I，例 3.2.2中的算子序列$\{T_n\}$强收敛于零算子。任何一个算子序列若依算子范数收敛于某一算子，则必定强收敛于同一算子。反之则不然。

如果X, Y都是Banach空间，那么空间$L(X,Y)$在强收敛意义下也是完备的。证明：这个结果需要下节我们将要研究的一个重要定理。

3.2.2 算子的乘法与赋范代数

设X, X_1, X_2是赋范空间，$T_1 \in L(X, X_1), T_2 \in L(X_1, X_2)$。这时我们可以定义算子的乘法$T = T_2 T_1$，
$$Tx = T_2(T_1 x) \quad (x \in X)$$

由于
$$\begin{aligned} T(x+y) &= T_2(T_1(x+y)) \\ &= T_2(T_1 x + T_1 y) \\ &= T_2(T_1 x) + T_2(T_1 y) \\ &= Tx + Ty \end{aligned}$$

类似地，
$$T(\alpha x) = \alpha T x$$

及
$$\|Tx\| = \|T_2 T_1(x)\| \leqslant \|T_2\|\|T_1 x\| \leqslant \|T_2\|\|T_1\|\|x\| (x \in X)$$

所以T是有界线性算子，$T \in L(X, X_2)$。有界线性算子的乘法还具有以下性质：

(i)
$$(T_3 T_2) T_1 = T_3(T_2 T_1)$$
$$(\alpha T_2) T_1 = \alpha(T_2 T_1); T_2(\alpha T_1) = \alpha(T_2 T_1)$$

其中$T_1 \in L(X, X_1), T_2 \in L(X_2, X_2), T_3 \in L(X_2, X_3)$，而$X_3$也是赋范线性空间。

(ii) $T_3(T_1 + T_2) = T_3T_1 + T_3T_2$,其中 $T_1, T_2 \in L(X, X_1), T_3 \in L(X_1, X_2)$;$(T_2 + T_3)T_1 = T_2T_1 + T_3T_1$,其中 $T_1 \in L(X, X_1), T_2, T_3 \in L(X_1, X_2)$。

(iii) $\|T_2T_1\| \leqslant \|T_2\|\|T_1\|$,其中 $T_1 \in L(X, X_1), T_2 \in L(X_1, X_2)$。

不难证明,算子乘法满足结合律和分配律。任取 $x \in X$,则由算子范数的定义,有 $\|T_2T_1\| \leqslant \|T_2\|\|T_1\|$。性质 (iii) 也成立。但是注意算子乘法不满足交换律,甚至一般的算子乘积 T_2T_1 没有意义,即使有意义,T_2T_1 与 T_1T_2 也可能定义在不同空间上。

现在考察有界线性算子均属于 $L(X)$ 的情形。显然上面的性质 (i)~(iii) 仍然成立。而且 T_1T_2 及 T_2T_1 都有意义。但是与数的乘法不同,T_1, T_2 相乘一般不服从交换律,即等式 $T_1T_2 = T_2T_1$ 未必成立。如果等号成立,则称 T_1, T_2 可换。

在第 1 章中,我们引进了记号 T^n。今后对于 $T \in L(X)$,我们沿用这一记号,即 T^n 表示 n 个 T 相乘,而 T^0 则表示 I。

下面的例子说明算子相乘确实不一定服从交换律。

例 3.2.3 在 $C[0,1]$ 中考察下面两个算子:
$$(T_1x)(t) = \int_0^t x(s)\mathrm{d}s, (T_2x)(t) = tx(t) \quad (x \in C[0,1])$$
这里 T_1 是第 1 章中介绍的 Volterra 积分算子的一个特殊情形,我们仍称它为 Volterra 积分算子,而称 T_2 为乘法算子。

显然 T_1, T_2 都是从 $C[0,1]$ 到其自身的有界线性算子。易见
$$(T_2T_1x)(t) = t\int_0^t x(s)\mathrm{d}s, (T_1T_2x)(t) = \int_0^t sx(s)\mathrm{d}s$$
若取 $x_0(t) = 1(t \in [0,1])$,则
$$(T_2T_1x_0)(t) = t^2, (T_1T_2x_0)(t) = \frac{t^2}{2}$$
因此 $T_1T_2x_0 \neq T_2T_1x_0$,故 $T_1T_2 \neq T_2T_1$。

现在继续考虑 $L(X)$。首先 $L(X)$ 是一个赋范线性空间,这在前面已有详细阐述。其次,$L(X)$ 中元素相乘仍属于 $L(X)$。再由乘法的性质 (i)、(ii) 可知,$L(X)$ 中元素相乘满足结合律,乘法对于加法满足分配

律，由于$L(X)$有这些性质，我们称$L(X)$为有界线性算子环，它是赋范环（或赋范代数）的一种特殊情形。关于赋范环的理论，读者可参考文献[2]。如果X是Banach空间，则有

定理 3.2.3 设X是Banach空间，则$L(X)$按照它的范数也是Banach空间。

3.3 共鸣定理及其应用

许多分析问题的研究涉及有界线性算子列的收敛性或一致有界性问题。Banach-Steinhaus定理或称一致有界原理或称共鸣定理 在这些问题的研究中起重要作用。在这一节中，我们将证明：共鸣定理及其推论，并给出这个定理的一些应用的例子。

3.3.1 共鸣定理

定理 3.3.1（Banach-Steinhaus定理） 设$\{T_\alpha\}(\alpha \in I)$是Banach空间$X$上到赋范线性空间$X_1$中的有界线性算子族，如果对于每一$x \in X$，$\sup\limits_{\alpha \in I} \|T_\alpha x\| < \infty$，则$\{\|T_\alpha\|\}(\alpha \in I)$是有界集。

注 对于每一$x \in X$，$\{T_\alpha x\}(\alpha \in I)$是算子族$\{T_\alpha\}(\alpha \in I)$在$x$点的"轨道"，因此Banach-Steinhaus定理说，如果Banach空间X上的有界线性算子族$\{T_\alpha\}(\alpha \in I)$在每一点$x \in X$轨道有界，则算子族一致有界，即存在常数$M$，使得$\|T_\alpha\| \leqslant M(\alpha \in I)$。因此本定理给出的条件保证了点点有界或轨道有界蕴涵一致有界，故称"一致有界"定理。另一方面，如果我们从反面来叙述本定理，将有：
$$\sup_{\alpha \in I} \|T_\alpha\| = \infty \Rightarrow \exists x_0 \in X, \text{ s.t. } \sup_{\alpha \in I} \|T_\alpha x_0\| = \infty$$
因此本定理又有"共鸣定理"之称。

证 设
$$p(x) = \sup_{\alpha \in I} \|T_\alpha x\| \quad (x \in X)$$
及对每一个自然数k，
$$M_k = \{x \in X : p(x) \leqslant k\} = \bigcap_{\alpha \in I} \{x \in X : \|T_\alpha x\| \leqslant k\}$$

因为每一个T_α是有界线性算子，$\|T_\alpha x\|$是x的连续函数，因此对于每一个$\alpha \in E$，$\{x \in X : \|T_\alpha x\| \leqslant k\}$是$X$中的闭集，从而每一个$M_k$是闭集。

由给定条件可知
$$X = \bigcup_{k=1}^{\infty} M_k$$
因为X是Banach空间，由Baire纲定理，X是第二纲集，必存在k_0，使得M_{k_0}在某个闭球$\overline{S} = \{x \in X : \|x - x_0\| \leqslant r_0\}$中稠密，所以
$$\overline{S} = \overline{M}_{k_0} = M_{k_0}$$
任取$x \in X, x \neq 0$，则$x_0 \pm \frac{x}{\|x\|} r_0 \in \overline{S}$，于是
$$p(\tfrac{2r_0 x}{\|x\|}) = p(x_0 + \tfrac{x}{\|x\|} r_0 - x_0 + \tfrac{x}{\|x\|} r_0)$$
$$\leqslant p(x_0 + \tfrac{x}{\|x\|} r_0) + p(\tfrac{x}{\|x\|} r_0 - x_0) \leqslant 2k_0$$
因此
$$p(x) = \frac{k_0}{r_0} \|x\| \quad (x \in X)$$
从而对于每一个$\alpha \in I, \|T_\alpha\| \leqslant \frac{k_0}{r_0}$。证毕。

推论 3.3.1 设$\{f_\alpha\}$是Banach空间X上的一族泛函，若$\forall x \in X$，$\{f_\alpha(x)\}$是有界集，则$\{f_\alpha\}$一致有界，即$\sup_{\alpha} \|f_\alpha\| < \infty$。

推论 3.3.2 设$\{x_\alpha\}$是赋范空间X中的一族元，对于X^*中的任何元f，$\sup_{\alpha} |f(x_\alpha)| < \infty$，则必有$\sup_{\alpha} \|x_\alpha\| < \infty$。

现在我们可以进一步研究算子列的强收敛。首先回顾一下3.2节中关于算子列强收敛的定义。设$T, T_n \in L(X, X_1)$，若对每个$x \in X$，
$$\lim_{n \to \infty} \|T_n x - Tx\| = 0$$
则称$\{T_n\}$强收敛于T。

关于算子列的强收敛，主要问题有：

1. 强收敛的算子列是否一致有界？算子列满足哪些条件时是强收敛的？

2. $L(X, X_1)$在算子列强收敛意义下是否完备？就是说，若对每个$x \in X$，$\{T_n x\}$是X_1中的基本点列，是否存在$T \in L(X, X_1)$，使得$\{T_n\}$强收敛于T？

现在先回答第一个问题。

定理 3.3.2 设$\{T_n\}(n=1,2,\cdots)$是由Banach空间X到Banach空间X_1的有界线性算子列，则$\{T_n\}$强收敛于某一算子$T \in L(X,X_1)$的充分必要条件是：

(i) $\{T_n\}$一致有界；

(ii) 存在X的某个稠密子集G，使得对一切$x \in G, \{T_n x\}$在X_1中收敛。

当(i)、(ii)满足时，$\{T_n\}$的极限算子T的范数满足：

$$\|T\| \leqslant \liminf_{n\to\infty} \|T_n\| \tag{3-16}$$

证 必要性。设$\{T_n\}$强收敛于算子T，则对每个$x \in X, \{T_n x\}$有界，由定理3.3.1，$\{T_n\}$一致有界，故(i)成立。至于(ii)，只需取$G = X$便知它成立。

充分性。因$\{T_n\}$一致有界，故存在$M > 0$，使得对一切$n = 1,2,3,\cdots$，有$\|T_n\| \leqslant M$。任取$x \in X$，由于G在X中稠密，对于任给的$\varepsilon > 0$，存在$y \in G$，使

$$\|x - y\| < \frac{\varepsilon}{3M}$$

由条件(ii)，$\{T_n y\}$在X_1中收敛，故存在$N > 0$，使得对一切$n > N$以及任意的自然数k，有

$$\|T_{n+k} y - T_n y\| < \frac{\varepsilon}{3}$$

于是

$$\begin{aligned}\|T_{n+k} x - T_n x\| &\leqslant \|T_{n+k}x - T_{n+k}y\| \\ &\quad + \|T_{n+k}y - T_n y\| + \|T_n y - T_n x\| \\ &< M \cdot \tfrac{\varepsilon}{3M} + \tfrac{\varepsilon}{3} + M \cdot \tfrac{\varepsilon}{3M} = \varepsilon\end{aligned}$$

故$\{T_n x\}$是X_1中的基本点列。由于X_1完备，故$\{T_n x\}$在X_1中收敛。记

$$Tx = \lim_{n\to\infty} T_n x \quad (x \in X)$$

则T对任一$x \in X$有定义且它的值域包含在X_1中。由于每个T_n都是由X到X_1的线性算子，故T也是由X到X_1的线性算子。再由

$$\begin{aligned}\|Tx\| &= \lim_{n\to\infty} \|T_n x\| = \liminf_{n\to\infty} \|T_n x\| \\ &\leqslant \liminf_{n\to\infty}(\|T_n\|\|x\|) = (\liminf_{n\to\infty} \|T_n\|)\|x\|\end{aligned}$$

可知，T 有界且
$$\|T\| \leqslant \liminf_{n\to\infty} \|T_n\|$$
因此式(3-16)成立。最后，根据算子列强收敛的定义可知，$\{T_n\}$ 强收敛于 T。证毕。

注 定理 3.3.2 的充分性部分没有用到共鸣定理，因而只需要假定 X 是赋范线性空间。

在 3.2 节中，我们曾经证明当 X_1 完备时，线性算子空间 $L(X, X_1)$ 也是完备的。现在可以证明当 X, X_1 都完备时，$L(X, X_1)$ 对于算子列的强收敛也是完备的，因此回答了关于算子列强收敛的第二个问题。

定理 3.3.3 设 X, X_1 都是 Banach 空间，则 $L(X, X_1)$ 在算子列强收敛意义下是完备的。

证 设 $\{T_n\} \subset L(X, X_1)(n = 1, 2, 3, \cdots)$ 是一有界线性算子列，且对每个 $x \in X$，$\{T_n x\}$ 是 X_1 中的基本点列，我们证明 $\{T_n\}$ 强收敛于某一有界线性算子。

因 $\{T_n x\}$ 是基本点列，故 $\{T_n x\}$ 有界，由共鸣定理可知 $\{T_n\}$ 一致有界。由于 X_1 是 Banach 空间，故对每个 $x \in X$，$\{T_n x\}$ 在 X_1 中收敛。于是 $\{T_n\}$ 满足定理 3.3.2 中的条件 (i)、(ii)，故 $\{T_n\}$ 强收敛于某一有界线性算子 $T \in L(X, X_1)$。这表明 $L(X, X_1)$ 在算子列强收敛意义下完备。证毕。

我们应当注意，在共鸣定理、定理 3.3.2 及定理 3.3.3 中，关于空间的假定彼此不同。在共鸣定理中，只需假定 X 是 Banach 空间，在定理 3.3.2 的充分性部分中，只需假定 X_1 是 Banach 空间，而在必要性部分中，需假定 X 是 Banach 空间。在定理 3.3.2 中则需假定 X, X_1 都是 Banach 空间。

3.3.2 共鸣定理的应用

作为共鸣定理的应用，我们介绍几个实例，它们都是共鸣定理或它的逆否命题在各个不同问题上的特殊形式。

例 3.3.1 Fourier 级数的发散问题 令 $C_{2\pi}$ 为定义在实轴上以 2π 为周期的实周期连续函数组成的集。在 $C_{2\pi}$ 中定义范数于下：
$$\|x\| = \max_{-\infty < t < +\infty} |x(t)| \quad (x \in C_{2\pi})$$

则 $C_{2\pi}$ 是一个 Banach 空间。

设 $x \in C_{2\pi}$ 的 Fourier 级数是
$$\frac{1}{2}a_0 + \sum_{k=1}^{\infty}(a_k \cos kt + b_k \sin kt)$$

由古典分析知道，上述级数前 $n+1$ 项的和为
$$\frac{1}{2}a_0 + \sum_{k=1}^{n}(a_k \cos kt + b_k \sin kt)$$
$$= \frac{1}{\pi}\int_{-\pi}^{\pi} x(s)[\frac{1}{2} + \sum_{k=1}^{n}\cos k(s-t)]\mathrm{d}s$$
$$= \int_{-\pi}^{\pi} x(s)\frac{\sin(n+\frac{1}{2})(s-t)}{2\pi \sin\frac{1}{2}(s-t)}\mathrm{d}s$$

令 $K_n(s,t) = \frac{\sin(n+\frac{1}{2}(s-t))}{2\pi\sin\frac{1}{2}(s-t)}$，称 $K_n(s,t)$ 为 Dirichlet 核。

我们的目的是证明：对任一点 $t_0 \in [-\pi, \pi]$，$C_{2\pi}$ 中必有函数 $x(t)$，它的 Fourier 级数在 t_0 处发散。因 $C_{2\pi}$ 中的函数均以 2π 为周期，不失一般性，可设 $t_0 = 0$。对每个 n，作 $C_{2\pi}$ 上的线性泛函
$$f_n(x) = \int_{-\pi}^{\pi} x(s)K_n(s,0)\mathrm{d}s$$

由 $K_n(s,0) = \frac{1}{2\pi} + \frac{1}{\pi}\sum_{k=1}^{n}\cos ks$ 可知，$K_n(s,0)$ 是连续的，因此 f_n 有界。利用例 3.1.2 中求连续函数空间 $C[a,b]$ 上积分算子范数的方法可以证明：
$$\|f_n\| = \int_{-\pi}^{\pi}|K_n(s,0)|\mathrm{d}s$$

现在估计积分 $\int_{-\pi}^{\pi}|K_n(s,0)|\mathrm{d}s$。注意到
$$\int_{-\pi}^{\pi}|K_n(s,0)|\mathrm{d}s = \int_0^{2\pi}|K_n(s,0)|\mathrm{d}s$$
$$= \frac{1}{2\pi}\int_0^{2\pi}\frac{|\sin(n+\frac{1}{2})s|}{\sin\frac{1}{2}s}\mathrm{d}s$$
$$\geq \frac{1}{2\pi}\int_0^{2\pi}\frac{|\sin(n+\frac{1}{2})s|}{\frac{s}{2}}\mathrm{d}s = \frac{1}{\pi}\int_0^{2(n+1)\pi}\frac{|\sin u|}{u}du$$

其中 $u = (n+\frac{1}{2})s$。

由于
$$\int_0^{2(n+1)\pi}\frac{|\sin u|}{u}du = \sum_{k=0}^{2n}\int_{k\pi}^{(k+1)\pi}\frac{|\sin u|}{u}du$$
$$\geq \sum_{k=0}^{2n}\frac{1}{(k+1)\pi}\int_{k\pi}^{(k+1)\pi}|\sin u|du = \sum_{k=0}^{2n}\frac{2}{(k+1)\pi} \to \infty$$

故
$$\|f_n\| = \int_{-\pi}^{\pi} |K_n(s,0)|\mathrm{d}s \to \infty$$

由定理 3.3.2，至少存在某个函数$x_0 \in C_{2\pi}$，使$\{f_n(x_0)\}$发散。由f_n的定义可知，$x_0(t)$的Fourier级数在$t=0$处发散。

例 3.3.2 机械求积公式的收敛问题 设$f \in C[0,1]$。我们的目的是计算积分$\int_0^1 f(t)\mathrm{d}t$。一般来说，求它的精确值是困难的，因此往往只能求近似值。取$[0,1]$中的点
$$0 \leqslant t_0^{(n)} < t_1^{(n)} < \cdots < t_n^{(n)} \leqslant 1$$
用和$\sum_{k=0}^{n} f(t_k^{(n)})A_k^{(n)}$作为$\int_0^1 f(t)\mathrm{d}t$的$n$次近似：
$$\sum_{k=0}^{n} f(t_k^{(n)})A_k^{(n)} \approx \int_0^1 f(t)\mathrm{d}t \tag{3-17}$$

其中$A_k^{(n)}(k=0,1,\cdots,n)$是待定的，我们选择$A_k^{(n)}$使式(3-17)对一切次数$\leqslant n$的多项式精确成立，为此只需式(3-17)对单项式$1, t, t^2, \cdots, t^n$成立。设已选好，现在的问题是，对一切$f \in C[0,1]$是否都有
$$\sum_{k=0}^{n} f(t_k^{(n)})A_k^{(n)} \to \int_0^1 f(t)\mathrm{d}t \tag{3-18}$$

由定理 3.3.2可以证明式(3-18)成立的充分必要条件是存在正数M，使得对一切n有
$$\sum_{k=0}^{n} |A_k^{(n)}| \leqslant M \tag{3-19}$$

为此，我们先作$C[0,1]$上的有界线性泛函F_n：
$$F_n(f) = \sum_{k=0}^{n} f(t_k^{(n)})A_k^{(n)}$$

则F_n的范数满足
$$\|F_n\| = \sum_{k=0}^{n} |A_k^{(n)}| \tag{3-20}$$

其实，对任一$f \in C[0,1]$，有
$$|F_n(f)| = |\sum_{k=0}^{n} f(t_k^{(n)})A_k^{(n)}| \leqslant (\sum_{k=0}^{n} |A_k^{(n)}|)\|f\|$$

故
$$\|F_n\| \leqslant \sum_{k=0}^{n} |A_k^{(n)}| \tag{3-21}$$

另一方面，对每个$n(n=1,2,\cdots)$，可取区间$[0,1]$上的连续函数$f_n(\cdot)$使
$$\|f_n\| = 1, f_n(t_k^{(n)}) = \mathrm{sgn} A_k^{(n)} \quad (k=0,1,2,\cdots,n)$$

于是
$$\|F_n\| \geqslant |F_n(f_n)| = \sum_{k=0}^{n} |A_k^{(n)}| \tag{3-22}$$

由式(3-21)、(3-22)可得式(3-20)。

现在再证明式(3-18)的充分必要性。如果对于每个$f \in C[0,1]$，式(3-17)成立，则$\{F_n\}$一致有界。故存在$M > 0$，使对一切n，$\|F_n\| \leqslant M$，因此式(3-18)成立。反之，如果式(3-18)成立，则对每个多项式$p(\cdot)$，只要取n大于$p(\cdot)$的次数，就有
$$\sum_{k=0}^{n} p(t_k^{(n)}) A_k^{(n)} = \int_0^1 p(t)\mathrm{d}t$$

故
$$\lim_{n\to\infty} \sum_{k=0}^{n} p(t_k^{(n)}) A_k^{(n)} = \int_0^1 p(t)\mathrm{d}t$$

注意到多项式的全体在$C[0,1]$中稠密，故式(3-17)成立。

3.4 开映象定理与闭图像定理

作为线性分析三大基本定理之一的开映象定理，在泛函分析中同样起着十分重要的作用，在本节我们将讨论它。同时，我们也将讨论在理论和实际中应用十分广泛的闭线性算子的一些性质。

3.4.1 逆算子

前面我们定义了算子的乘法，下面我们研究乘法的逆运算。

定义 3.4.1 设T是从线性空间X上映到线性空间X_1中的线性算子。如果存在一个X_1上到X中的线性算子T_1，使得
$$T_1T = I_X, TT_1 = I_{X_1} \tag{3-23}$$

则称算子T有逆算子（或T是可逆的）。其中I_X, I_{X_1}分别为空间X及X_1中的恒等算子。算子T_1称为T的逆算子，并记为$T_1 = T^{-1}$。

从以上定义可以看到，逆算子也是线性算子，事实上，对任意$y_1, y_2 \in X_1$，
$$y_i = Tx_i \quad (x_i = T_1 y_i, i = 1, 2)$$
于是
$$T_1(y_1 + y_2) = T_1(Tx_1 + Tx_2) = x_1 + x_2 = T_1 y_1 + T_1 y_2$$
类似地，可证T^{-1}的齐次性。

由定义 3.4.1还可以直接得到，T是T^{-1}的逆算子，即$(T^{-1})^{-1} = T$。其次，如果算子T存在逆算子T^{-1}，则算子T是空间X上到空间X_1上的一对一的映射。

事实上，任取$x_1, x_2 \in X, x_1 \neq x_2$。如果$Tx_1 = Tx_2$，由式(3-23)中的第一个式子，则得
$$x_1 = T_1 T x_1 = T_1 T x_2 = x_2$$
矛盾，故$Tx_1 \neq Tx_2$。另外，对于每个$y \in X_1$是某个$x \in X$在T之下的象，即作为x可取$x = T_1 y$，于是$Tx = TT_1 y = y$。

反之，设算子T是X上到X_1上的一对一的映射，把$y \in X_1$与它的原象对应，即与使得$Tx = y$的$x \in X$相对应，这样就得到X_1上映到X上的算子T_1。易证T_1是线性的且$T_1 = T^{-1}$。

此外，逆算子如果存在则是唯一的。

与逆算子这一概念相联系的是形如
$$Tx = y \tag{3-24}$$
的算子方程解的存在性与唯一性问题。其中$y \in X_1$是已知元而x为空间X中的未知元。显然，如果算子T有逆算子T^{-1}，则对任一$y \in X_1$，方程(3-24)有唯一解$x = T^{-1} y$。

下面我们将证明：有关逆算子的一个重要定理。

如果T是一个单射，那么可以定义T^{-1}，它是线性的，但其定义域却未必是全空间X_1，仅当它还是一个满射时，T^{-1}才是X_1到X的一个线性算

子。这时，我们自然要问，T^{-1} 是不是连续的？下面的Banach逆算子定理回答了这一问题。

定理 3.4.1(Banach逆算子定理) 设T是Banach空间X上到Banach空间X_1上的一一对应的有界线性算子，则T的逆算子T^{-1}是有界算子。

这一定理有一个更一般的形式就是：

定理 3.4.2(开映象定理) 设X, X_1都是Banach空间，若$T \in L(X, X_1)$是一个满射，则T是开映象。

T是开映象即T将X中的任何开集映成X_1中的开集。

证 以下我们分别用S与S_1表示空间X与X_1中的球。因为
$$X = \bigcup_{k=1}^{\infty} \overline{S}(0, k)$$
所以
$$X_1 = TX = \bigcup_{k=1}^{\infty} T\overline{S}(0, k)$$

由于X_1是Banach空间，由Baire纲定理，X_1是第二纲集。因此存在k_0，使得$T\overline{S}(0, k)$在某个球$S_1(y_0, r_0)$中稠密。

我们首先证明，对任意$\varepsilon > 0$，存在$\delta > 0$，使得$T\overline{S}(0, \varepsilon)$在$S_1(0, \varepsilon\delta)$中稠密，为此取$\delta = \frac{r_0}{k_0}$，对任意$y \in S_1(0, \varepsilon\delta), y_0 \pm \frac{k_0}{\varepsilon}y \in S_1(y_0, r_0)$。因此存在$\overline{S}(0, k_0)$中的点列$\{x_k\}$及$\{x'_k\}$，使得
$$Tx_k \to y_0 - \frac{k_0}{\varepsilon}y, Tx'_k \to y_0 + \frac{k_0}{\varepsilon}y(n \to \infty)$$
从而$T(\frac{\varepsilon}{2k_0}(x'_k - x_k)) \to y(k \to \infty)$。显然$\frac{\varepsilon}{2k_0}(x'_k - x_k) \in \overline{S}(0, \varepsilon)(k = 1, 2, \cdots)$，所以$T\overline{S}(0, \varepsilon)$在$S_1(0, \varepsilon\delta)$中稠密。

其次，对任意$y_0 \in S_1(0, \frac{\delta}{2})$，由上面已证明的事实，$T\overline{S}(0, \frac{1}{2})$在$S_1(0, \frac{\delta}{2})$中稠密，存在$x_1 \in \overline{S}(0, \frac{1}{2})$，使得
$$\|y_0 - Tx_1\| < \frac{\delta}{2^2}$$
因此$y_1 = y_0 - Tx_1 \in S_1(0, \frac{\delta}{2^2})$。由于$T\overline{S}(0, \frac{1}{2^2})$在$S_1(0, \frac{\delta}{2^2})$中稠密，存在$x_2 \in \overline{S}(0, \frac{1}{2^2})$，使得
$$\|y_1 - Tx_2\| < \frac{\delta}{2^3}$$

而 $y_2 = y_1 - Tx_2 = y_0 - T(x_1 + x_2) \in S_1(0, \frac{\delta}{2^3})$。这样继续下去得点列 $\{x_n\} \subset \overline{S}(0, \frac{1}{2^n})(n = 1, 2, \cdots)$，使得
$$\|y_0 - T(x_1 + x_2 + \cdots + x_n)\| < \frac{\delta}{2^{n+1}}$$

因为 X 是 Banach 空间及 $\sum\limits_{n=1}^{\infty} \|x_n\| \leqslant \sum\limits_{n=1}^{\infty} \frac{1}{2^n} = 1$，存在 $x_0 \in X$，使得 $x_0 = \sum\limits_{n=1}^{\infty} x_n$，并且 $\|x_0\| \leqslant 1$。于是由 T 的连续性
$$y_0 = \lim_{n \to \infty} T(\sum_{k=1}^{n} x_k) = Tx_0$$

所以 $T\overline{S}(0, 1) \supset S_1(0, \frac{1}{2}\delta)$。由此对任意 $r > 0$
$$T\overline{S}(0, r) \supset S_1(0, \frac{1}{2}r\delta)$$

最后，设 G 是 X 中任一开集。任取 $Tx \in TG, x \in G$。存在 x 的邻域 $S(x, r_1) \subset G$。取正数 $r_2 < r_1$，则 $\overline{S}(x, r_2) \subset S(x, r_1) \subset G$。因此
$$T\overline{S}(x, r_2) \subset TG$$

由于 $\overline{S}(x, r_2) = x + \overline{S}(0, r_2)$，所以
$$T\overline{S}(x, r_2) = Tx + T\overline{S}(0, r_2) \supset Tx + S_1(0, \frac{1}{2}r_2\delta) = S_1(Tx, \frac{1}{2}r\delta)$$

即 Tx 是 TG 的内点。所以 TG 是 X_1 中开集。证毕。

在一般情况下，开映射与连续映射之间并无必然联系，不过，由第 1 章的定理 1.3.2 易见，一个双射连续的充要条件是其逆映射为开映射。这一事实与定理 3.4.1 结合起来推出定理 3.4.2。

定理 3.4.1 的意义在于：为了判定一个线性同构 $T: X \to X_1$ 为拓扑同构，只需验证"单方连续"（即 T 与 T^{-1} 之一连续）就够了。当然应记住，能这样做的前提是 X 与 X_1 都是 Banach 空间。下面是一个应用开映象定理的例子。

例 3.4.1 设 X, X_1 是 Banach 空间，$T \in L(X, X_1), N(T) = \{0\}$，则 $T: X \to R(T)$ 是拓扑同构的充要条件是 $R(T)$ 在 X_1 中为闭集。

证 $N(T) = \{0\}$ 推出 T 为单射，因而 $T: X \to R(T)$ 是线性同构。

若$T^{-1}: R(T) \to X$有界，则有$k > 0$，使得
$$\|x\| = \|T^{-1}Tx\| \leqslant k\|Tx\| \quad (\forall x \in X) \tag{3-25}$$

设$Tx_n \to y \in X_1(n \to \infty)$，则由式(3-25)有
$$\|x_m - x_n\| \leqslant k\|Tx_m - Tx_n\| \to 0 \quad (m, n \to \infty)$$

即$\{x_n\}$是X中的Cauchy列。设$x_n \to x(n \to \infty)$，则$Tx_n \to Tx = y$，可见$y \in R(T)$。这证得$R(T)$为闭集。

反之，若$R(T)$是闭集，则它作为X_1的闭子空间是Banach空间，于是由定理 3.4.1推出$T : X \to R(T)$为拓扑同构。证毕。

例 3.4.2 以3.1节例 3.1.2中的算子T为例作说明。已知$T \in L(C(J))$。若$(Tu)(x) = \int_a^x u(t)\mathrm{d}t \equiv 0$，则必有$u(x) \equiv 0$，因此$N(T) = \{0\}$。因
$$R(T) = C_0^1(J) \triangleq \{u \in C^1(J) : u(a) = 0\}$$

在$C(J)$中不是闭的，故算子
$$T : C(J) \to C_0^1(J)$$

不是拓扑同构，这意味着微分算子
$$C_0^1(J) \to C'(J), u \to u'$$

是无界算子，其中$C_0^1(J)$看作$C(J)$的子空间。

推论 3.4.1 设线性空间X上的两个范数$\|\cdot\|_1$及$\|\cdot\|_2$都使X成为Banach空间，并且存在常数C，使得
$$\|x\|_2 \leqslant C\|x\|_1 \quad (x \in X)$$

则$\|\cdot\|_1$与$\|\cdot\|_2$等价。

证 设I是X上的恒等算子，由给定条件，I是Banach空间$(X, \|\cdot\|_1)$上到Banach空间$(X, \|\cdot\|_2)$上的 一一对应的有界线性算子，由Banach逆算子定理，存在常数C_1，使得
$$\|x\|_1 \leqslant C_1\|x\|_2 \quad (x \in X)$$

所以$\|\cdot\|_1$与$\|\cdot\|_2$等价。证毕。

数学分析中一元函数$y = f(x)$的图像是平面上的一条曲线,这条曲线由平面上的点$(x, f(x))$组成。对一般的线性算子也可以引入图像的概念。值得注意的是,由于一般的线性算子不一定有界,因而不一定有范数,图像就成了一个重要工具。

3.4.2 闭图像定理

首先引进以下概念,如所熟知,积集$X \times Y$由所有点$(x,y)(x \in X, y \in Y)$组成,它依运算

$$\alpha(x,y) + \beta(x',y') = (\alpha x + \beta x', \alpha y + \beta y')$$

$(\alpha, \beta \in K, x, x' \in X, y, y' \in Y)$是一个向量空间,称为积空间。若令

$$\|(x,y)\| = \|x\|_X + \|y\|_Y, (x,y) \in X \times Y \tag{3-26}$$

则易直接验证$\|(x,y)\|$是一个范数,因而$X \times Y$成为一个赋范空间,称为X与Y的积赋范空间,仍简称为积空间。直接看出,

$$\|(x_n, y_n)\| \to 0 \Leftrightarrow \|x_n\|_X \to 0, \|y_n\|_Y \to 0 (n \to \infty)$$

因此,在$X \times Y$中$(x_n, y_n) \to (x,y)$相当于在X中$x_n \to x$且在Y中$y_n \to y$。换言之,积空间中的收敛归结为依坐标收敛。这一事实对于积空间的结构是本质的。

设X, Y是赋范空间,T是X中到Y中的线性算子,考虑乘积赋范空间$X \times Y$,记

$$G(T) = \{(x, Tx) \in X \times Y : x \in D(T)\}$$

称$G(T)$为算子T的图像。如果$G(T)$是乘积赋范空间$X \times Y$中的闭集,则称T是闭算子。

为了验证一个线性算子是闭算子,通常我们使用以下简单而有用的判别法。

定理 3.4.3 设X, Y是赋范空间,T是X中到Y中的线性算子,则T是闭算子,当且仅当对任意$\{x_n\} \subset D(T), x_n \to x$及$Tx_n \to y (n \to \infty)$,这里$x \in X, y \in Y$。此时必有$x \in D(T)$并且$Tx = y$。

证 设$(x,y) \in \overline{G(T)}$。则存在$\{x_n\} \subset D(T)$,使得

$$(x_n, Tx_n) \to (x, y) \quad (n \to \infty)$$

于是
$$\|(x_n - x, Tx_n - y)\| = \|x_n - x\| + \|Tx_n - y\| \to 0(n \to \infty)$$
从而$x_n \to x, Tx_n \to y(n \to \infty)$。如果定理 3.4.3中条件满足，则$(x,y) \in G(T)$，即$T$是闭算子。

反之，设$\{x_n\} \subset D(T)$，且$x_n \to x$及$Tx_n \to y(n \to \infty)$，于是$(x_n, Tx_n) \to (x,y)$。如果$G(T)$是闭集，则$(x,y) \in G(T)$，即$x \in D(T)$且$Tx = y$。

对于一个给定的线性算子，现在已有三个比较重要的概念：连续性、有界性及闭性。因连续性与有界性等价，故本质上只有两个不同的概念：有界性与闭性。有界性与闭性既有区别又有联系。有界线性算子不一定闭，闭线性算子也不一定有界。因此我们要问：有界线性算子何时是闭的？闭算子何时是有界的？

利用定理 3.4.3可以证明：由赋范空间X的子空间D到赋范空间Y的有界线性算子是闭算子的充分必要条件是其定义域D为X的闭子空间。由于证明很简单，留给读者作为练习。

下面的定理则回答了第二个问题，即闭算子何时是有界的。

定理 3.4.4（闭图像定理） 设T是由Banach空间X到Banach空间Y的闭算子，则T有界。

证 因X,Y都是Banach空间，于是$X \times Y$也是Banach空间。由于$G(T)$在$X \times Y$中闭，故$G(T)$也是Banach空间。现在定义由$G(T)$到X中的算子$\widetilde{T}$：
$$\widetilde{T}(x, Tx) = x \quad (x \in X)$$
不难证明，$\widetilde{T}$是$G(T)$到X上的一对一的线性算子。首先，$\widetilde{T}$显然是线性的且为满映射。今设$\widetilde{T}(x, Tx) = 0$。由定义可知$x = 0$，于是$T0 = 0$，故$(x, Tx) = (0, 0)$。这表明$\widetilde{T}$是一对一的。

再由
$$\|\widetilde{T}\{(x, Tx)\}\| = \|x\| \leqslant \|x\| + \|Tx\| = \|(x, Tx)\|$$
可知，$\widetilde{T}$有界。

由定理 3.4.1，$\widetilde{T}$ 有有界的逆算子 $\widetilde{T}^{-1}$。于是对任一 $x \in X$，由
$$(x, Tx) = \widetilde{T}^{-1}x$$
有
$$\|(x, Tx)\| \leqslant \|\widetilde{T}^{-1}\|\|x\|$$
因此更有
$$\|Tx\| \leqslant \|\widetilde{T}^{-1}\|\|x\|$$
T 是有界的。证毕。

注 闭图像定理在验证算子是连续算子时是很有用的，它被用来验证某些线性算子的有界性，特别是用泛函分析方法研究偏微分方程时较为重要。一般地，对于偏微分算子要直接验证它的连续性是比较困难的。因此，可以用算子成为闭算子的充要条件，先验证某些算子是闭算子，然后再利用闭图像定理证明它们是连续算子。但是，如果闭算子的定义域仅仅是Banach空间的一个子空间，则它不一定有界。

例 3.4.3 考察微分算子 $T = \frac{\mathrm{d}}{\mathrm{d}t}$。它是定义在 $C[a,b]$ 内具有连续导数的函数类 C^1 上，而值域包含在 $C[a,b]$ 中的线性算子，现在利用定理 3.4.3 证明 T 是闭算子。设 $\{x_n\} \subset C^1$ 且在 $C[a,b]$ 中 $\{x_n\} \to x$，$\{Tx_n\} \to y$ 同时成立。第二个极限实际上是指 $\{x_n'\} \to y(n \to \infty)$，因此函数列 $\{x_n(t)\}$ 以及函数列 $\{x_n(t)\}'$ 分别一致收敛于 $x(t)$ 及 $y(t)$。由数学分析可知，$x(t)$ 具有连续导数 $x'(t)$ 且 $x'(t) = y(t)$，因此 $x \in C^1$ 且 $Tx = y$，由定理 3.4.3 可知，T 是闭算子。但前面已经证明 T 无界，因此 T 是无界闭算子。

3.5 Hahn-Banach定理及其推论

给定无穷维赋范空间 X，问：是否存在不恒等于0的连续线性泛函？更进一步问：是否有"足够多"的连续线性泛函？所谓足够多，是指多到足以用来分辨不同元的程度，即 X^* 是否具有以下的分离性质：

(S) $\forall x, y \in X, x \neq y \Rightarrow \exists f \in X^*, f(x) \neq f(y)$

若 (S) 成立，则可通过有界线性泛函来识别 X 中的相异点，因而 X^* 足以作

为研究空间X的工具。本节将从线性泛函的延拓入手解决这个问题。并且将指明，性质(S)正是下面建立的Hahn-Banach定理的推论。有趣的是，从几何上看，这个线性泛函的延拓性质表现为凸集的分离性质。而这个分离性质又是研究与 凸集有关的Banach空间几何学的基本出发点。

延拓问题是研究定义在给定集X的一个子集A上的某数学对象（例如映射）能否扩充到整个集X上，并且保持数学对象的某些基本性质。本节研究线性空间上线性泛函在什么条件下可以延拓、延拓后哪些性质不变、延拓是否唯一等问题。

关于线性泛函的延拓定理统称为Hann-Banach定理，它保证赋范线性空间上具有充分多的有界线性泛函及线性泛函的取值可事先指定，并且为对偶空间提供必需的理论。

为了证明主要定理，我们首先引出一个与Zermelo公理等价的Zorn引理，它在定理的证明中是需要的。我们先给出下面关于"序"的一些定义。

定义 3.5.1 集G称为有序集，是指对其中某些元之间定义了一个序关系"$\prec$"，关系"$\prec$"满足下面三个条件：

(i)如果$x \prec y$且$y \prec z$，那么$x \prec z$（传递性）；

(ii)如果$x \in G$，那么$x \prec x$（自反性）；

(iii)如果$x \prec y$且$y \prec x$，那么$x = y$（反对称性）。

定义 3.5.2 集G称为全序集，是指它是一个有序集，并且对于G中任意两个元x, y，关系$x \prec y$和$y \prec x$至少有一个成立。

定义 3.5.3 设G为一有序集，集$B \subset G$，元$y \in G$称为集B的上界，是指$\forall x \in B$，均有$x \prec y$成立；G中元x_0称为是极大元，是指G中无"$\succ x_0$"之元存在。

由于上面的定义，我们就可以引入下面的公理。

引理 3.5.1(Zorn引理) 如果集G是非空的有序集，且其内每个全序子集都有上界，那么G至少有一个极大元。

Zorn引理是集论中基本定理之一，在泛函分析中有许多深刻的结果要用到它，实际上它和选择公理是等价的。

定理 3.5.1(实空间的Hahn-Banach定理) 设M是实线性空间X的线性子空间，$p: X \to R$，对任意$x, y \in X$及$\alpha \geqslant 0$满足

$$p(x+y) \leqslant p(x) + p(y); p(\alpha x) = \alpha p(x)$$

f是M上的线性泛函且满足

$$f(x) \leqslant p(x) \quad (x \in M)$$

则存在X上的线性泛函F，使得

$$F(x) = f(x) \quad (x \in M)$$

并且

$$-p(-x) \leqslant F(x) \leqslant p(x) \quad (x \in X)$$

证 设$M \neq X$，任取$x_1 \in X \backslash M$，用M_1表示由x_1与M张成的线性子空间，即

$$M_1 = \{x + \alpha x_1 : x \in M, \alpha \in R\}$$

由于对任意$x, y \in M$，

$$\begin{aligned} f(x) + f(y) = f(x+y) &\leqslant p(x+y) \\ &\leqslant p(x - x_1) + p(x_1 + y) \end{aligned}$$

我们有

$$f(x) - p(x - x_1) \leqslant p(x_1 + y) - f(y)$$

设β是上式左边当x取遍M中元的上确界，则有

$$f(x) - \beta \leqslant p(x - x_1) \quad (x \in M) \tag{3-27}$$

及

$$f(y) + \beta \leqslant p(y + x_1) \quad (y \in M) \tag{3-28}$$

现在在M_1上定义

$$f_1(x + \alpha x_1) = f(x) + \alpha \beta \quad (x \in M, \alpha \in R)$$

不难看出，f_1是M_1上的线性泛函并且在M上$f_1 = f$。取$\alpha < 0$，用$-\frac{x}{\alpha}$代替式(3-27)中的x再用$-\alpha$乘所得不等式的两边，再取$\alpha > 0$，用$\frac{y}{\alpha}$代替

式(3-28)中的y然后用α乘所得不等式的两边，则有
$$f_1(x+\alpha x_1) \leqslant p(x+\alpha x_1) \quad (x \in M, \alpha \in R)$$
这样，我们把f保持关系$f \leqslant p$延拓到M_1上。为了能够把f保持这种关系延拓到全空间上，我们需要用到Zorn引理。

用$\mathcal{F}$表示f的保持$f \leqslant p$延拓的全体，在$\mathcal{F}$中引进关系"$\prec$"：设$F_1, F_2 \in \mathcal{F}$，$D(F_1)$与$D(F_2)$分别是它们的定义域，如果$D(F_1) \subset D(F_2)$并且当$x \in D(F_1)$时，$F_1(x) = F_2(x)$，即F_2是F_1的延拓时，定义$F_1 \prec F_2$。易见$\prec$中$\mathcal{F}$的半序，从而$(\mathcal{F}, \prec)$是一个半序集，设$\bar{\mathcal{F}}$是$\mathcal{F}$的任一全序子集。令
$$D = \bigcup_{F \in \bar{\mathcal{F}}} D(F)$$
并在D上定义泛函φ：任取$x \in D$，存在$F \in \bar{\mathcal{F}}, x \in D(F)$，此时令$\varphi(x) = F(x)$。由于$\bar{\mathcal{F}}$是$\mathcal{F}$的全序子集，$D$是线性子空间，且$F$在$D$上是唯一确定的线性泛函，并且对$x \in D$是满足$\varphi(x) \leqslant p(x)$的$f$的延拓，即$\varphi \in \mathcal{F}$。显然$\varphi$是$\bar{\mathcal{F}}$的一个上界。由Zorn引理，$\mathcal{F}$中存在极大元$F_0$，这时必有$D(F_0) = X$。因为如果不然，则存在$x_0 \in X \backslash D(F_0)$。由证明的第一步，可把$F_0$保持$F_0 \leqslant p$延拓到由$x_0$与$D(F_0)$张成的线性子空间上，这显然与$F_0$的极大性矛盾。证毕。

以下是（复）赋范空间上的Hahn-Banach定理。

定理 3.5.2 设G是复赋范空间X的子空间，f是G上的有界线性泛函，则f可保持范数不变延拓到全空间X上，即存在X上的有界线性泛函F，使得

(i)对于$x \in G, F(x) = f(x)$；

(ii)$\|F\| = \|f\|_G$。

这里$\|f\|_G$表示f作为G上的有界线性泛函的范数。

证 设
$$f(x) = \varphi(x) + \mathrm{i}\psi(x) \quad (x \in G)$$
其中φ, ψ分别表示f的实部与虚部。由于
$$\mathrm{i}(\varphi(x) + \mathrm{i}\psi(x)) = f(\mathrm{i}x) = \varphi(\mathrm{i}x) + i\psi(\mathrm{i}x)$$

所以
$$\varphi(\mathrm{i}x) = -\psi(x)$$

现将X看成是实赋范空间。这样，φ是实赋范空间G上的实有界线性泛函。令
$$p(x) = \|f\|_G \|x\| \quad (x \in X)$$

则显然对于$x, y \in X$及$\alpha \geqslant 0$有
$$p(x+y) \leqslant p(x) + p(y)$$

及
$$p(\alpha x) = \alpha p(x)$$

并且当$x \in G$时，
$$\varphi(x) \leqslant |f(x)| \leqslant \|f\|_G \|x\| = p(x)$$

于是由定理 3.5.1，φ可延拓成X上的实线性泛函φ_0，并且$\varphi_0(x) \leqslant p(x)$。

现在令
$$F(x) = \varphi_0(x) - \mathrm{i}\varphi_0(\mathrm{i}x) \quad (x \in X)$$

我们证明F就是满足定理中要求的泛函。首先，对任意$x \in X$，
$$\begin{aligned}F(\mathrm{i}x) &= \varphi_0(\mathrm{i}x) - \mathrm{i}\varphi_0(-x) \\ &= \varphi_0(\mathrm{i}x) + \mathrm{e}\varphi_0(x) \\ &= \mathrm{i}(\varphi_0(x) - \mathrm{i}\varphi_0(\mathrm{i}x)) = \mathrm{i}F(x)\end{aligned}$$

由此不难看出，对任意复数α，$F(\alpha x) = \alpha F(x)$。此外$F$的可加性显然，所以$F$是$X$上的线性泛函。

其次，对任意$x \in G$，
$$F(x) = \varphi_0(x) - \mathrm{i}\varphi_0(\mathrm{i}x) = \varphi(x) - \mathrm{i}\varphi(\mathrm{i}x) = f(x)$$

所以F是f的延拓。

最后我们证明：$\|F\| = \|f\|_G$。记$\theta = \arg F(x)$，于是
$$\begin{aligned}|F(x)| &= \mathrm{e}^{-\mathrm{i}\theta}F(x) = F(\mathrm{e}^{-\mathrm{i}\theta}x) \\ &= \varphi_0(\mathrm{e}^{-\mathrm{i}\theta}x) - \mathrm{i}\varphi_0(\mathrm{i}\mathrm{e}^{-\mathrm{i}\theta}x) = \varphi_0(\mathrm{e}^{-\mathrm{i}\theta}x) \\ &\leqslant p(\mathrm{e}^{-\mathrm{i}\theta}x) = \|f\|_G \|x\|\end{aligned}$$

另一方面，显然$\|F\| \geqslant \|f\|_G$，所以$\|F\| = \|f\|_G$。证毕。

定理 3.5.1 和定理 3.5.2 有不少重要的推论，现在逐一加以讨论。

推论 3.5.1 设X是赋范线性空间，$X \neq \{\theta\}$。则对任一$x_0 \in X$，存在X上的有界线性泛函f使

$$\|f\| = 1, f(x_0) = \|x_0\| \tag{3-29}$$

证 不妨设$x_0 \neq \theta$。令$G = \{\alpha x_0\}$，其中α取遍实数域或复数域。在G上定义线性泛函f：

$$f(\alpha x_0) = \alpha \|x_0\|$$

f显然满足式(3-29)中第二个等式对任一$x = \alpha x_0$，有$|f(x)| = |\alpha|\|x_0\| = \|\alpha x_0\| = \|x\|$，故$f$有界且$\|f\|_G = 1$。由定理 3.5.2，$f$可以延拓到整个$X$上且保持范数不变。为简单起见，将延拓后的泛函仍记为f，则f满足式(3-29)中全部条件。证毕。

由推论 3.5.1，可以看出：

1. 对任何赋范线性空间X，若$X \neq \{\theta\}$，必存在"足够多"的非零线性泛函；

2. 如果对于X上的一切有界线性泛函f，有$f(x_0) = 0$，则$x_0 = \theta$。

由 2，为了判断X中的元x_0是否等于零，只要判断X上的一切有界线性泛函f对x_0作用后是否为零就行了。

推论 3.5.2 设G是赋范线性空间X的子空间，$x_0 \in X$，若

$$d(x_0, G) = \inf_{x \in G} \|x_0 - x\| = \delta > 0$$

则存在X上的有界线性泛函f，使

$$\|f\| = \frac{1}{\delta}, f(x_0) = 1, f(x) = 0 \ \forall x \in G \tag{3-30}$$

证 令

$$G_1 = \{\alpha x_0 + x : \alpha \in K, x \in G\}$$

则G_1为X的子空间，再令

$$f(\alpha x_0 + x) = \alpha$$

那么f是G_1上的线性泛函满足：
$$f(x_0) = 1; f(x) = 0 \quad \forall x \in G$$

注意到当$\alpha \neq 0$时，
$$\|\alpha x_0 + x\| = |\alpha|\|x_0 + \frac{x}{\alpha}\| \geqslant |\alpha|\delta$$

当$\alpha = 0$时，上式显然成立。故
$$|f(\alpha x_0 + x)| = |\alpha| \leqslant \frac{1}{\delta}\|\alpha x_0 + x\|$$

因此f有界且
$$\|f\|_{G_1} \leqslant \frac{1}{\delta} \tag{3-31}$$

另一方面，我们取$x_n \in G(n = 1, 2, 3, \cdots)$，使$\|x_0 - x_n\| \to \delta$，于是
$$\|f\|_{G_1}\|x_0 - x_n\| \geqslant |f(x_0 - x_n)| = |f(x_0)| = 1$$

故$\|f\|_{G_1} \geqslant \frac{1}{\|x_0 - x_n\|}$。令$n \to \infty$，得
$$\|f\|_{G_1} \geqslant \frac{1}{\delta} \tag{3-32}$$

由式(3-31)及(3-32)，$\|f\|_{G_1} = \frac{1}{\delta}$。再由定理 3.5.2，$f$可以延拓到整个$X$上且保持范数不变。将延拓后的泛函仍记为$f$，则$f$满足式(3-30)。证毕。

在推论 3.5.2 中，若令$f_1 = \delta f$，则$\|f_1\| = 1, f_1(x_0) = \delta$，于是推论 3.5.2 又可改写为：

推论 3.5.3 设G是赋范线性空间X的子空间，$x_0 \in X$，若
$$d(x_0, G) = \inf_{x \in G} \|x_0 - x\| = \delta > 0$$

则存在X上的有界线性泛函f_1，使
$$\|f_1\| = 1, f_1(x_0) = \delta, f_1(x) = 0 \quad \forall x \in G$$

利用推论 3.5.2（或推论 3.5.3）可以导出下列结论：

1. $x_0 \in \overline{G}$的充分必要条件是对X上任一满足$f(x) = 0(x \in G)$的有界线性泛函f，有$f(x_0) = 0$；

必要性是显然的，充分性由推论 3.5.2（或推论 3.5.3）立即导出。因此，为了判别X中的元x_0是否属于$\overline{G}$，只要判别X上一切满足$f(x) = 0(x \in G)$的有界线性泛函f，对x_0作用是否仍等于零就行了；

2. 设$x_0 \in X$，A是X的一个子集，则x_0可以用A中的元素的线性组合以任意的精确度逼近的充分必要条件是对X上任一有界线性泛函f，当$f(x) = 0 (x \in A)$时，有$f(x_0) = 0$。

其实，若令G是A张成的子空间，则x_0可以用形如$\sum_{k=1}^{n} c_k x_k (x_k \in A, c_k$为数，$k = 1, 2, \cdots, n, n$为任一自然数)的元以任意的精确度逼近的充分必要条件是$x_0 \in \overline{G}$。再由性质1可知性质2成立。

性质2为我们提供了一个判别$x_0 \in X$能否用A中的元的线性组合以任意的精确度逼近的判别法，这在逼近论中是常用的。

现在再来讨论定理3.5.2。从它的证明过程容易看出，f满足定理3.5.2中的条件的延拓不一定是唯一的，若不唯一，就会出现一些有趣的结果。

例 3.5.1 考察一切二维实向量$x = (\xi_1, \xi_2)$按照范数

$$\|x\| = |\xi_1| + |\xi_2|$$

组成的Banach空间。仍用R^2记这个空间并令G为R^2中形如$(\xi_1, 0)$的向量组成的子空间。在G上定义有界线性泛函f：

$$f(x) = \xi_1 \quad (x \in G)$$

显然$\|f\|_G = 1$。任取满足$|\alpha| \leqslant 1$的数α，再定义R^2上的有界线性泛函F_α：

$$F_\alpha(x) = \xi_1 + \alpha \xi_2 \quad (x = (\xi_1, \xi_2) \in R^2)$$

易见F_α是f的延拓，且$\|F_\alpha\| \geqslant 1$，又因

$$|F_\alpha(x)| \leqslant |\xi_1| + |\alpha||\xi_2| \leqslant |\xi_1| + |\xi_2| = \|x\|$$

故$\|F_\alpha\| \leqslant 1$，于是$\|F_\alpha\| = 1$。因此F_α是f的延拓且满足$\|F_G\| = \|f\|_G$，但是全部$F_\alpha(|\alpha| \leqslant 1)$构成的集具有势$\aleph$。一般说，有界线性泛函的延拓如果不唯一，那么由它们组成的集的势不小于$\aleph$。

其次，如果不要求延拓满足定理3.5.2中的条件，则延拓的方式可以任意。例如在上例中，让α为任一给定的数，则F_α仍为f的一个延拓，但不一定保持范数不变。

在3.3、3.4、3.5节中，我们研究了Banach空间中的几条基本定

理：Banach开映象定理及其特例Banach逆算子定理、共鸣定理、Hahn-Banach延拓定理，此外还介绍了Banach逆算子定理的一个重要应用，闭图像定理，希望读者注意：

1. Banach开映象定理（以及它的特例Banach逆算子定理）、共鸣定理以及有界线性泛函的Hahn-Banach延拓定理是Banach空间中有界线性算子及有界线性泛函理论中的基本定理，通常称为三大基本定理或基本原理，它们有着广泛的应用；

2. 无界线性算子无范数可言，于是图像就成了研究无界线性算子的一个重要工具。利用图像，我们引进了闭算子的概念。有界线性算子无疑是一类重要的线性算子，闭算子则是继有界线性算子之后另一类重要的线性算子；

3. 闭性与有界性是既有区别又有联系的两个重要概念，在一定条件下它们相互转化。其中又以闭图像定理为主要方面，它提供了一个简洁而又有用的判别准则，依据这条准则，在一定条件下，闭算子转化为有界线性算子；

4. 关于有界线性泛函的延拓定理，有

(1) 一般说，它指的是保持范数不变的延拓，但也可以不作如此要求，不论是否保持范数不变，有界线性泛函的延拓一般说不唯一，一旦不唯一，那么延拓的全体的势$\geqslant \aleph$；

(2) 利用有界线性泛函的延拓定理，我们可以确定X中的元素x_0是否具有某种属性，例如是否属于某个闭子空间或者是否属于某个子空间的闭包，是否可以用X中某个子集A中元素的线性组合以任意的精确度来逼近，等等；

5. 在学习这几节时，Banach空间的完备性是一个经常起作用的因素，离开了它，有些结论就不再成立，希望读者特别注意。

3.6 对偶空间 共轭算子

本节将讨论对偶空间和共轭算子。

3.6.1 对偶空间

给定K上的赋范空间X，约定$X^* = L(X, K)$，则X^*是K上的Banach空间，称为X的对偶空间或称共轭空间，称每个$f \in X^*$为X上的有界线性泛函。

对有界线性算子适用的结论，当然亦适用于有界线性泛函。因此，前几节的结果经适当表述后，就成为关于有界线性泛函的相应结论。例如，对任给的$f \in X^*$，有

$$\|f\| = \sup_{x \neq 0} \frac{|f(x)|}{\|x\|} = \sup_{\|x\|=1} |f(x)| = \sup_{\|x\| \leqslant 1} |f(x)|$$
$$= \inf\{k \geqslant 0 : |f(x)| \leqslant k\|x\| \ (\forall x \in X)\}$$

其他结论对于有界线性泛函的推论可类似写出，不再一一列举。

在逻辑上，X^*是一个完全确定的Banach空间，它的元素就是X上的有界线性泛函，似乎不存在"求出"X^*的问题。但若X^*缺乏某种直观形象，以致难以有效地思考与运用，那么我们实际上会把它当成一种未知的东西。这就提出一个问题：如何将X^*具体表示出来？理论依据就不多介绍了，下面讨论几个具体空间上有界线性泛函的一般形式，为明确起见，先假定所讨论的空间都是实的。

(1)空间$C[a,b]$上的有界线性泛函

定理 3.6.1(F.Rieze) 设f是$C[a,b]$上的有界线性泛函，则存在$[a,b]$上的有界变差函数$v(t)$，使得

$$f(x) = \int_a^b x(t) dv(t) \ \ (x \in C[a,b]) \qquad (3\text{-}33)$$

并且$\|f\| = V_a^b(v)$，这里$V_a^b(v)$是$v(t)$在$[a,b]$上的全变差。反之，$[a,b]$上的任一有界变差函数$v(t)$，式(3-33)定义了$C[a,b]$上的一个有界线性泛函。

证 对于每个$s \in [a,b]$，用X_s表示子区间$[a,s]$的特征函数，显然$X_s \in L^\infty[a,b]$，因为$C[a,b]$是$L^\infty[a,b]$的子空间，所以由Hahn-Banach定理，我

们可以把保持范数不变延拓到$L^\infty[a,b]$上，设F是这样的延拓。记
$$v(s) = F(X_s) \quad (s \in [a,b])$$
我们证明$v(s)$是$[a,b]$上的有界变差函数。为此作分割：
$$a = t_0 < t_1 < t_2 < \cdots < t_n = b$$
令
$$\varepsilon_k = \operatorname{sgn}(v(t_k) - v(t_{k-1})) \quad (l = 1, 2, \cdots, n)$$
则
$$\sum_{k=1}^n |v(t_k) - v(t_{k-1})| = \sum_{k=1}^n \varepsilon_k(v(t_k) - v(t_{k-1}))$$
$$= \sum_{k=1}^n \varepsilon_k(F(X_{t_k}) - F(X_{t_{k-1}}))$$
$$= F(\sum_{k=1}^n \varepsilon_k(X_{t_k} - X_{t_{k-1}}))$$
$$\leqslant \|F\| \|\sum_{k=1}^n \varepsilon_k(X_{t_k} - X_{t_{k-1}})\|$$

由于$\|F\| = \|f\|$，$\|\sum_{k=1}^n \varepsilon_k(X_{t_k} - X_{t_{k-1}})\| = 1$，我们有
$$\sum_{k=1}^n |v(t_k) - v(t_{k-1})| \leqslant \|f\|$$
所以$v(s)$是有界变差函数，并且$V_a^b(v) \leqslant \|f\|$。

其次，任取$x \in C[a,b]$且令
$$y(s) = \sum_{k=1}^n x(t_k)(X_{t_k}(s) - X_{t_{k-1}}(s)) \quad (s \in [a,b])$$
则
$$F(y) = \sum_{k=1}^n x(t_k)(v(t_k) - v(t_{k-1}))$$

显然$x(s) = \sum_{k=1}^n x(s)(X_{t_k}(s) - X_{t_{k-1}}(s))$。记$\delta = \max_{1 \leqslant k \leqslant n} |t_k - t_{k-1}|$，则当$\delta \to 0$时，$\|y - x\| \to 0$且由$F$的连续性$F(y) \to F(x)$。于是由Riemann-Steiltjes积分的定义
$$F(x) = \int_a^b x(t) \mathrm{d}v(t)$$

因为$x \in C[a,b], F(x) = f(x)$,故式(3-33)成立。此外由RS积分的性质,对于每个$x \in C[a,b]$,

$$|f(x)| = |\int_a^b x(t)\mathrm{d}v(t)| \leqslant \|x\|V_a^b(v)$$

因此$\|f\| \leqslant V_a^b(v)$,从而$\|f\| = V_a^b(v)$。

反之,如果$v(t)$是$[a,b]$上任一有界变差函数,由RS积分的性质,式(3-33)定义了$C[a,b]$上的一个有界线性泛函。证毕。

对于一般紧空间X, $C(X)$上的连续线性泛函的表示有类似结果,它的证明需较多的测度论知识,可参看文献[3]。

由定理 3.6.1,每个$F \in (C[a,b])^*$,通过式(3-33)有$v \in V[a,b]$与之对应。但是这样的v不是唯一的,例如v加上一个任意常数则得到同样的表达式。为了求得$C[a,b]$的共轭空间,注意对于每个$v \in V[a,b]$及$t \in [a,b), v(t+0)$存在并且v的间断点集最多为一可数集。

考虑所有$V[a,b]$中使得$\overline{v}(a) = 0$,且$\overline{v}(t+0) = \overline{v}(t)(a < t < b)$的$\overline{v}$的集合,显然$V_0[a,b]$是$V[a,b]$的子空间。对于$v \in V[a,b]$,定义$\overline{v}: v(a) = 0, \overline{v}(b) = v(b)-v(a)$及$\overline{v}(t) = v(t+0)-v(a)(a < t < b)$。于是在$t = a, t = b$及每个$t \in (a,b)$,

$$\overline{v}(t) = v(t) - v(a)$$

因此,对于每个$x \in C[a,b]$有

$$\int_a^b x(t)\mathrm{d}v(t) = \int_a^b x(t)\mathrm{d}\overline{v}(t)$$

显然$\overline{v} \in V_0[a,b]$。这样,每个$f \in (C[a,b])^*$存在与之对应,使得对于每一$x \in [a,b]$,

$$f(x) = \int_a^b x(t)\mathrm{d}\overline{v}(t)$$

且$\|f\| = V_a^b(\overline{v})$。

$\overline{v}$是唯一的。因为如果还有$h \in V_0[a,b]$,使得对所有$x \in C[a,b], f(x) = \int_a^b x(t)\mathrm{d}h(t)$。取$x(t)$为常数1,由于$\overline{v}(a) = h(a) = 0$,所以$\overline{v}(b) = h(b)$。对于$a < c < b$,记$\overline{h}(t) = \overline{v}(t)-h(t)$,则对所有$x \in C[a,b], \int_a^b x(t)\mathrm{d}\overline{h}(t) = 0$。

选取x，使得在$[a,c]$上等于1，在$[c+r,b]$上等于零且在$(c,1)$与$(c+r,0)$两点之间用直线连接，则$x \in C[a,b]$。由分步积分法
$$\begin{aligned} 0 &= \overline{h}(c) + \int_c^{c+r} x(t)\mathrm{d}\overline{h}(t) \\ &= \overline{h}(c) - \overline{h}(c) - \int_c^{c+r} x'(t)\overline{h}(t)\mathrm{d}t \\ &= \frac{1}{r}\int_c^{c+r} \overline{h}(t)\mathrm{d}t \to \overline{h}(c+0) \quad (r \to 0^+) \end{aligned}$$
因此，对于$a < c < b$，$\overline{h}(c+0) = 0, \overline{v}(c+0) = h(c+0)$，即$\overline{v}(c) = h(c)$，从而在$[a,b]$上$\overline{v} = h$。这样我们证明了$(C[a,b])^* = V_0[a,b]$。

(2)空间$L^p[a,b](1 < p < \infty)$上的有界线性泛函

定理 3.6.2 设f是空间$L^p[a,b]$上的有界线性泛函，则存在唯一的$y \in L^q[a,b]$，其中$\frac{1}{p} + \frac{1}{q} = 1$，使得
$$f(x) = \int_a^b x(t)y(t)\mathrm{d}t \tag{3-34}$$
并且
$$\|f\| = \|y\| = \left(\int_a^b |y(t)|^q \mathrm{d}t\right)^{\frac{1}{q}} \tag{3-35}$$
反之，任意$y \in L^q[a,b]$，式(3-34)定义了$L^p[a,b]$上的有界线性泛函。

证 对于$\forall s \in [a,b]$，设
$$x_s(t) = \begin{cases} 1, a \leqslant t \leqslant s, \\ 0, s < t \leqslant b \end{cases}$$
$x_s(t)$是$L^p[a,b]$中的元素，线性泛函$f(x)$可以作用于它，令$g(s) = f(x_s)$。我们证明$g(s)$在$[a,b]$上绝对连续。为此，设$\delta_k = [s_k, t_k](k = 1, 2, \cdots, n)$是一些包含在$[a,b]$中且没有公共内点的区间。记$\varepsilon_k = \operatorname{sgn}(g(t_k) - g(s_k))$，则
$$\begin{aligned} \sum_{k=1}^n |g(t_k) - g(s_k)| &= \sum_{k=1}^n \varepsilon_k(g(t_k) - g(s_k)) \\ &= f(\sum_{k=1}^n \varepsilon_k(x_{t_k} - x_{s_k})) \leqslant \|f\| \|\sum_{k=1}^n q_k(x_{t_k} - x_{s_k})\| \\ &= \|f\|(\int_a^b |\sum_{k=1}^n \varepsilon_k(x_{t_k}(t) - x_{s_k}(t))|^p \mathrm{d}t)^{\frac{1}{p}} \\ &= \|f\|(\sum_{k=1}^n \int_{\delta_k} \mathrm{d}t)^{\frac{1}{p}} = \|f\|(\sum_{k=1}^n m\delta_k)^{\frac{1}{p}} \end{aligned}$$
由此可知，$g(s)$绝对连续。

令 $y(s) = g'(s)$，则 $y \in L^1[a,b]$，由于 $x_a(t) = 0, g(a) = f(x_a) = 0$，于是 $g(s) = g(a) + \int_a^s y(t)\mathrm{d}t = \int_a^s y(t)\mathrm{d}t$，所以

$$f(x_s) = \int_a^s y(t)\mathrm{d}t = \int_a^s x_s(t)y(t)\mathrm{d}t \tag{3-36}$$

现在设 $x(t)$ 是任一有界可测函数并选取一致有界的阶梯函数列 $\{x_n(t)\}$ 几乎处处收敛于 $x(t)$。由式 (3-34) 及 f 的线性，得到

$$f(x_n) = \int_a^b x_n(t)y(t)\mathrm{d}t \quad (n = 1, 2, \cdots) \tag{3-37}$$

由 Lebesgue 控制收敛定理，则有

$$\int_a^b x_n(t)y(t)\mathrm{d}t \to \int_a^b x(t)y(t)\mathrm{d}t$$

$$\|x_n - x\| = (\int_a^b |x_n(t) - x(t)|^p \mathrm{d}t)^{\frac{1}{p}} \to 0$$

在式 (3-37) 中令 $n \to \infty$，则有式 (3-35) 成立。

现在证明 $y \in L^q[a,b]$。对于自然数 N，令

$$y_N(t) = \begin{cases} |y(t)|^{q-1}\mathrm{sgn}y(t), & |y(t)| \leqslant N, \\ 0, & |y(t)| > N \end{cases}$$

则

$$f(y_N) = \int_a^b y_N(t)y(t)\mathrm{d}t = \int_{E_N} y_N(t)y(t)\mathrm{d}t = \int_{E_N} |y(t)|^q \mathrm{d}t \tag{3-38}$$

其中 $E_N = \{t \in [a,b] : |y(t)| \leqslant N\}$。另一方面，

$$f(y_N) \leqslant \|f\|\|y_N\| = \|f\|(\int_{E_N} |y_N(t)|^p \mathrm{d}t)^{\frac{1}{p}}$$
$$= \|f\|(\int_{E_N} |y(t)|^{(q-1)p} \mathrm{d}t)^{\frac{1}{p}}$$
$$= \|f\|(\int_{E_N} |y(t)|^q \mathrm{d}t)^{\frac{1}{p}} \tag{3-39}$$

比较式 (3-38)(3-39)，得

$$(\int_{E_N} |y(t)|^q \mathrm{d}t)^{\frac{1}{q}} \leqslant \|f\|$$

再令 $N \to \infty$，则有

$$\|y\| = (\int_a^b |y(t)|^q \mathrm{d}t)^{\frac{1}{q}} \leqslant \|f\| \tag{3-40}$$

所以 $y \in L^q[a,b]$。

以下证明对任意 $x \in L^p[a,b]$，式(3-34)成立。取有界可测函数列 $\{x_n(t)\}(n=1,2,\cdots)$，使
$$\int_a^b |x_n(t) - x(t)|^p \mathrm{d}t \to 0 (n \to \infty)$$
由于 $x_n(t)$ 有界，对于每一个 $x_n(t)$，式(3-34)成立，把 $x_n(t)$ 代入上式并令 $n \to \infty$，则得式(3-34)对于每一个 $x \in L^p[a,b]$ 成立。

对于任意 $x \in L^p[a,b]$，由式(3-34)及Hölder不等式，得
$$|f(x)| = |\int_a^b x(t)y(t)\mathrm{d}t| \leqslant \|x\|\|y\|$$
于是 $\|f\| \leqslant \|y\|$，再由式(3-37)，得 $\|f\| = \|y\|$，即式(3-35)成立，并且由此可知，对于每个 f，使得式(3-34)成立的 y 是唯一的。

反之，对于每一 $y \in L^q[a,b]$，则由式(3-34)给出的 f 是 $L^p[a,b]$ 上的线性泛函，并且由Hölder不等式可知 f 是有界的。证毕。

在 $p=1$ 的情形，$L^1[a,b]$ 上的每一个有界线性泛函 f，存在唯一的 $y \in L^\infty[a,b]$，使得表达式(3-34)成立并且 $\|f\| = \sup\limits_{a \leqslant t \leqslant b} |y(t)|$。

实际上，在定理 3.6.2 的证明中对于引进的函数 x_s 及 $g(s) = f(x_s)$，我们证明：了 $g(s)$ 是绝对连续的。此外对任意 $s_1, s_2 \in [a,b]$，由于 $x_s \in L^\infty[a,b]$，同时
$$|g(s_2) - g(s_1)| = |f(x_{s_2}) - f(x_{s_1})| = |f(x_{s_2} - x_{s_1})|$$
$$\leqslant \|f\|\|x_{s_2} - x_{s_1}\| = \|f\||s_2 - s_1|$$
及 $y(t) = g'(t)$，可知 $|y(t)| \leqslant \|f\|$ a.e.，即 $y \in L^\infty[a,b]$ 并且 $\sup\limits_{a \leqslant t \leqslant b} |y(t)| \leqslant \|f\|$。

反之，由表达式(3-34)，得 $\|f\| \leqslant \sup\limits_{a \leqslant t \leqslant b} |y(t)|$，所以 $\|f\| = \sup\limits_{a \leqslant t \leqslant b} |y(t)|$，因此 $(L^1[a,b])^* = L^\infty[a,b]$。

从定理 3.6.2 及以上的讨论，我们得到 $(L^p[a,b])^* = L^q[a,b]$，其中 $\frac{1}{p} + \frac{1}{q} = 1$。如果我们约定 $p=1$ 时 $q=\infty$，那么这个结论对任意 $p(1 \leqslant p < \infty)$ 成立。

对于离散情形，类似地我们有 $(l^p)^* = l^q (1 \leqslant p < \infty)$。

(3)空间c上的有界线性泛函

定理 3.6.3 对于每一个$f \in c^*$,存在数α及$\{\alpha_n\} \in l^1$,使得对于每一$x \in c, x = \{\xi_n\}$,

$$f(x) = \alpha \lim_{n \to \infty} \xi_n + \sum_{n=1}^{\infty} \alpha_n \xi_n \tag{3-41}$$

且

$$\|f\| = |\alpha| + \sum_{n=1}^{\infty} |\alpha_n|$$

反之,如果给定α及$\{\alpha_n\} \in l^1$,则式(3-41)决定了c上的一个有界线性泛函。

证 首先,取$e = (1, 1, \cdots), e_1 = (1, 0, 0, \cdots), e_2 = (0, 1, 0, 0, \cdots), \cdots,$ $e_n = (0, 0, \cdots, 1, 0, \cdots), \cdots$,则$\{e, e_1, e_2, \cdots\}$是$c$的一个Schauder基,因为如果$x \in C, x = \{\xi_n\}$,且$\lim_{n \to \infty} \xi_n = l$,则

$$\|x - le - \sum_{k=1}^{n} (\xi_k - l) e_k\| = \sup_{k > n} |\xi_k - l| \to 0 (n \to \infty)$$

因此$x = le + \sum_{k=1}^{n} (\xi_k - l) e_k$,且容易证明这个表达式是唯一的。

其次,设f是c上任一有界线性泛函,则对于每一个$x = \{\xi_n\} \in c, l = \lim_{n \to \infty} \xi_n$,有

$$x = le + \sum_{k=1}^{\infty} (\xi_k - l) e_k$$

$$f(x) = lf(e) + \sum_{k=1}^{\infty} (\xi_k - l) f(e_k) \tag{3-42}$$

任取$r \geqslant 1$且对于$1 \leqslant n \leqslant r$,令$\xi_n = \text{sgn} f(e_n)$;对于$n > r$令$\xi_n = 0$。则$x = \{\xi_n\} \in c_0, \|x\| = 1$,且由于在$c$上$|f(x)| \leqslant \|f\|\|x\|$,所以

$$|f(x)| = \sum_{n=1}^{r} |f(e_n)| \leqslant \|f\|$$

于是 $\sum_{n=1}^{\infty} |f(e_n)| = \sup_r \sum_{n=1}^{r} |f(e_n)| \leqslant \|f\| < \infty$。现在把式(3-42)写成

$$f(x) = \alpha l + \sum_{n=1}^{\infty} \alpha_n \xi_n \tag{3-43}$$

这里 $\alpha = f(e) - \sum_{n=1}^{\infty} f(e_n)$,$\alpha_n = f(e_n)$,级数 $\sum_{n=1}^{\infty} f(e_n)$ 绝对收敛。因为 $|\lim_{n \to \infty} \xi_n| \leqslant \|x\|$,由式(3-43),

$$|f(x)| \leqslant (|\alpha| + \sum_{n=1}^{\infty} |\alpha_n|) \|x\|$$

于是 $\|f\| \leqslant |\alpha| + \sum_{n=1}^{\infty} |\alpha_n|$。另外对于 $\|x\| = 1$,我们有 $|f(x)| \leqslant \|f\|$,对任意 $r \geqslant 1$ 定义

$$\xi_n = \mathrm{sgn}\,\alpha_n \quad (1 \leqslant n \leqslant r)$$
$$= \mathrm{sgn}\,\alpha \quad (n > r)$$

则 $x \in c, \|x\| = 1, \lim_{n \to \infty} \xi_n = \alpha$,所以

$$|f(x)| = ||\alpha| + \sum_{n=1}^{r} |\alpha_n| + \sum_{n=r+1}^{\infty} \alpha_n \mathrm{sgn}\,\alpha| \leqslant \|f\|$$

由于 $\{\alpha_n\} \in l^1$,我们有 $\sum_{n=r+1}^{\infty} \alpha_n \to 0 (r \to \infty)$。因此在以上不等式中令 $r \to \infty$,则得

$$|\alpha| + \sum_{n=1}^{\infty} |\alpha_n| \leqslant \|f\|$$

所以 $\|f\| = |\alpha| + \sum_{n=1}^{\infty} |\alpha_n|$。

反之,式(3-41)显然决定了空间 c 上的一个有界线性泛函。证毕。

由定理 3.6.3,我们有 $c^* = l^1$。

对偶空间的重要性在于,X 与 X^* 两者的性质之间存在着很强的联系,正是这种联系使得 X^* 成为研究空间 X 的重要工具。这方面有很多深刻的结果本书都无法涉及,有兴趣的读者可参看较深入的Banach空间理论著作[2]、[4]、[5]、[6]。

下面我们探讨共轭算子理论。

3.6.2 共轭算子

有了共轭空间，便可以引入共轭算子的概念。设$T \in L(X, X_1)$，即T是由赋范线性空间X到赋范线性空间X_1中的有界线性算子。任取$f \in X_1^*$，则$f(Tx)$关于$x \in X$是线性的，由不等式

$$|f(Tx)| \leqslant \|f\|\|T\|\|x\| \tag{3-44}$$

可知，$f(Tx)$还是有界的，因此它是关于$x \in X$的一个有界线性泛函。记

$$f^*(x) = f(Tx) \tag{3-45}$$

则$f^* \in X^*$。显然当f在X_1^*中给定时，f^*就在X^*中被确定下来。这表明我们实际上建立了一个由X_1^*到X^*的映射，这个映射通过等式(3-45)将f映成f^*。记这个映射为T^*，于是$T^*f = f^*$。

定义 3.6.1 若对$\forall x, y \in H$，$\langle Tx, y \rangle = \langle x, T^*y \rangle$，称$T^*$为$T$的共轭算子。

由式(3-45)容易看出，对任一$x \in X$以及任一$f \in X_1^*$，有重要等式

$$(T^*f) = f(Tx)$$

共轭算子还具有以下性质：

1. T的共轭算子T^*是有界线性算子，且

$$\|T^*\| = \|T\|$$

2. $(\alpha T)^* = \alpha T^*$，这里$\alpha$为数；

3. $(T_1 + T_2)^* = T_1^* + T_2^*$，这里$T_1, T_2 \in L(X, X_1)$；

4. $(T_1 T_2)^* = T_2^* T_1^*$，这里$T_1 \in L(X, X_1), T_2 \in L(X_1, X_2)$$X_2$也是赋范线性空间；

5. T的共轭算子T^*也有共轭算子$(T^*)^*$，我们将它简记为T^{**}。若将X看成X^{**}的子空间，则T^{**}是T的延拓。

我们只证明性质1、性质5，其余的都比较显然，留给读者作为练习。

性质1的证明 T^*的线性是比较明显的。现在证明：T^*的有界性。由

式(3-45)，对任一 $x \in X$ 及任一 $f \in X_1^*$，有
$$|(T^*f)(x)| = |f(Tx)| \leqslant \|f\|\|T\|\|x\|$$
于是 $\|T^*f\| \leqslant \|T\|\|f\|$，故 T^* 有界且 $\|T^*\| \leqslant \|T\|$。由延拓定理的推论 3.5.1，对任一 $x \in X$，有 $f_0 \in X_1^*$，使
$$f_0(Tx) = \|Tx\|; \|f_0\| = 1$$
故
$$\|Tx\| = |f_0(Tx)| = |(T^*f_0)(x)|$$
$$\leqslant \|T^*f_0\|\|x\| \leqslant \|T^*\|\|f_0\|\|x\| = \|T^*\|\|x\|$$
因 $x \in X$ 是任意的，有 $\|T\| \leqslant \|T^*\|$，故 $\|T\| = \|T^*\|$，1成立。

性质5的证明 任取 $x \in X$，记 J_x 是 x 在 X^{**} 中的对应元，则对任一 $f \in X^*$，有
$$J_x(f) = f(x)$$
故
$$(T^{**}J_x)(f) = J_x(T^*f) = (T^*f)(x)$$
$$= f(Tx) = J_{Tx}(f)$$
因 $f \in X^*$ 是任意的，所以
$$T^{**}J_x = J_{Tx}$$
若将 X 视为 X^{**} 的子空间，则 J_x 与 x 应视为同一，J_{Tx} 与 Tx 应视为同一。于是可以写成 $T^{**}x = Tx$，这表明 T^{**} 是 T 的延拓。

在不少情况下，往往需要求出给定的有界线性算子的共轭算子的具体形式，我们仅举两例说明其方法。

例 3.6.1 设 $A = (\alpha_{ij})$ 是 $n \times m$ 矩阵，这里 $\alpha_{ij}(i = 1, 2, \cdots, n, j = 1, 2, \cdots, m)$ 是实数；下标 i 表示行，j 表示列。由 A 定义了一个由 n 维实Euclid空间 $\mathbf{R}^n$ 到 m 维实Euclid空间 $\mathbf{R}^m$ 的算子 T：
$$y = Tx \quad \eta_j = \sum_{i=1}^{n} \alpha_{ij}\xi_i \quad (j = 1, 2, \cdots, m)$$
其中 $x = (\xi_1, \xi_2, \cdots, \xi_n) \in \mathbf{R}^n$，$y = (\eta_1, \eta_2, \cdots, \eta_m) \in \mathbf{R}^m$。容易证明 T 是有界线性算子。由于Euclid空间是其自身的共轭空间，由共轭算子的定义可

知，T^*是由$\mathbf{R}^n$到$\mathbf{R}^m$的有界线性算子。现在求出T^*的具体形式。$\mathbf{R}^m$上的每个有界线性泛函f可以表成：
$$f(y)=\sum_{j=1}^m c_j\eta_j$$
于是
$$(T^*f)(x)=f(Tx)=\sum_{j=1}^m c_j\sum_{i=1}^n \alpha_{ij}\xi_i$$
$$=\sum_{i=1}^m\sum_{j=1}^n \alpha_{ij}c_j\xi_i=\sum_{i=1}^n(\sum_{j=1}^m \alpha_{ij}c_j)\xi_i$$
则
$$T^*f=(d_1,d_2,\cdots,d_n)$$
其中
$$d_i=\sum_{j=1}^m \alpha_{ij}c_j\ \ (i=1,2,\cdots,n)$$

这表明T^*由$\boldsymbol{A}$的转置矩阵$\boldsymbol{A}^{\mathrm{T}}$表示。

例 3.6.2 设$K(t.s)$是变量t及s的实可测函数$(a\leqslant t\leqslant b, a\leqslant s\leqslant b)$满足
$$\int_a^b\int_a^b |K(t,s)|^q\mathrm{d}t\mathrm{d}s<+\infty$$
设T是有以$K(t,s)$为核的积分算子：
$$(Tx)(t)=\int_a^b K(t,s)x(s)\mathrm{d}s\ \ (x\in L^p[a,b])$$
由不等式
$$(\int_a^b |(Tx)(t)|^q\mathrm{d}t)^{\frac{1}{q}}$$
$$\leqslant (\int_a^b\int_a^b |K(t,s)|^q\mathrm{d}t\mathrm{d}s)^{\frac{1}{q}}(\int_a^b |x(s)|^p\mathrm{d}s)^{\frac{1}{p}}$$
可知，T是由$L^p[a,b]$到$L^q[a,b]$中的有界线性算子。由于$L^p[a,b], L^q[a,b]$互为共轭空间，由共轭算子的定义可知，T^*也是由$L^p[a,b]$到$L^q[a,b]$中的有界线性算子。现在求出T^*的具体形式。由定理 3.6.1，对于每个$f\in (L^q[a,b])^*$，存在$y^p[a,b]$，使对任何$z\in L^q[a,b]$，有
$$f(z)=\int_a^b z(t)y(t)\mathrm{d}t$$

故
$$(T^*f)(x) = f(Tx) = \int_a^b y(t)[\int_a^b K(t,s)x(s)\mathrm{d}s]\mathrm{d}t$$
$$= \int_a^b x(s)[\int_a^b K(t,s)y(t)\mathrm{d}t]\mathrm{d}s$$

由于 $x \in L^p[a,b]$ 是任意的，故
$$T^*f = \int_a^b K(t,s)y(t)\mathrm{d}t$$

因 f 与 y 可视为同一，可写为
$$(T^*y)(s) = \int_a^b K(t,s)y(t)\mathrm{d}t$$

或
$$(T^*y)(t) = \int_a^b K(s,t)y(s)\mathrm{d}s$$

由此可知，T^* 是以 $K_1(t,s) = K(s,t)$ 为核的积分算子。

3.7 自反性 弱收敛

共轭理论是研究算子空间非常重要的工具，本节将讨论空间的自反性以及弱收敛。

3.7.1 自反性

设 X 是赋范空间，X^* 是它的共轭空间，则 X^* 是一个 Banach 空间，X^* 也有共轭空间，记 $X^{**} = (X^*)^*$，称它为 X 的二次共轭空间。依次类推，我们可以定义 X 的三次共轭空间 $(X^{**})^*$，记为 X^{***}，等等。

现在考察 X 与 X^{**} 的关系。设 $x \in X, f \in X^*$，于是 $f(x)$ 是实（或复）数。原来的观点是：泛函 f 是给定的，而 x 是跑遍 X 的变元。现在反过来，让 x 固定而让 f 跑遍 X^*，这时 $f(x)$ 就成了定义在 X^* 上的一个泛函，记为 J_x。于是对任一 $f \in X^*$，有

$$J_x(f) = f(x) \tag{3-46}$$

由 (3-46) 可知，J_x 是线性的，且
$$|J_x(f)| = |f(x)| \leqslant \|x\|\|f\|$$

因此J_x有界，故J_x为X^{**}中的元素。由于对每个$x \in X$，这个结论都成立，故可以定义映射$J: x| \to J_x$。映射J具有下列性质：

1. 映射是线性的，即
$$J_{x_1+x_2} = J_{x_1} + J_{x_2}; J_{\alpha x} = \alpha J_x \quad (x_1, x_2, x \in X)$$

其实，对任一$f \in X^*$，有
$$J_{x_1+x_2}(f) = f(x_1) + f(x_2) = J_{x_1}(f) + J_{x_2}(f)$$
$$= (J_{x_1} + J_{x_2})(f)$$
$$J_{\alpha x}(f) = f(\alpha x) = \alpha f(x) = \alpha J_x(f)$$

因$f \in X^*$是任意的，故
$$J_{x_1+x_2} = J_{x_1} + J_{x_2}; J_{\alpha x} = \alpha J_x$$

2. 映射是等距的，因此是一对一的。

其实，对任一$f \in X^*$，有
$$|J_x(f)| = |f(x)| \leqslant \|x\|\|f\|$$

故$\|J_x\| \leqslant \|x\|$。另一方面，对于上述x，存在$f_0 \in X^*$使
$$\|f_0\| = 1, |f_0(x)| = \|x\|$$

于是
$$\|J_x\| \geqslant |J_x(f_0)| = |f_0(x)| = \|x\|$$

故
$$\|J_x\| = \|x\|$$

根据以上的讨论，J是由X到X^{**}中的一个等距同构映射。通常称J为X到X^{**}中的自然嵌入映射。J可能是满映射也可能不是满映射。当J是满映射时，即当$J(X) = X^{**}$时，称X是自反空间。

我们还可以从另外的角度来看待X与X^{**}之间的关系：由1及2可知，除去等距同构不计外，X可以看成是X^{**}的子空间。因此若$X = X^{**}$，则X为自反空间。

值得注意的是，以上两种处理X与X^{**}之间关系的方法并无本质的区别。因此，有时使用前者，有时使用后者，一切需视情况而定。

下面我们研究几个常见的空间的自反性。

$L^p[a,b](1<p<\infty)$ 是自反的。为说明这一事实，我们需要证明，任取 $F \in (L^p[a,b])^{**}$，存在 $x \in L^p[a,b]$，使得
$$F(f) = f(x) \quad (f \in (L^p[a,b])^*)$$
为此用 φ 表示这样的等距同构映射，使得对于每一个 $y \in L^q[a,b]$ 按照3.6节中的式(3-34)对应一个泛函 $f \in (L^p[a,b])^*$。如果设
$$F_1(y) = F(\varphi y) \quad (y \in L^q[a,b])$$
则 $F_1 \in (L^q[a,b])^*$。于是根据定理 3.6.2，存在 $x \in L^p[a,b]$，使得
$$F_1(y) = \int_a^b y(t)x(t)\mathrm{d}t \quad (y \in L^q[a,b])$$
这样，如果 $f \in (L^p[a,b])^*$，及 $y = \varphi^{-1}(f) \in L^q[a,b]$，则
$$F(f) = F_1(y) = \int_a^b y(t)x(t)\mathrm{d}t = \int_a^b x(t)y(t)\mathrm{d}t = f(x)$$
即 $L^p[a,b](1<p<\infty)$ 是自反的。

类似地可以证明，$l^p(1<p<\infty)$ 是自反的；$\mathbf{R}^n$ 是自反的。

$C[a,b]$ 不是自反的。假设 $C[a,b]$ 自反，则对于有界变差函数空间 $V_0[a,b]$ 上的任一有界线性泛函，必存在 $x \in C[a,b]$，使得它具有 $F_x(f) = f(x)$ 的形式。由定理 3.6.3，
$$F_x(f) = f(x) = \int_a^b x(t)\mathrm{d}v(t)$$
对于每一 $f \in (C[a,b])^*$，我们用 $f(t)$ 表示相应的有界变差函数，考虑泛函
$$F_{x_0}(f) = f(t_0 + 0) - f(t_0 - 0)$$
显然它是线性的，并且由于
$$|F_{x_0}(f)| = |f(t_0+0) - f(t_0-0)| \leqslant V_a^b(f) = \|f\|$$
可见 $F_0(f)$ 有界并且 $\|F_{x_0}\| \leqslant 1$。此外 $F_{x_0}(f) \neq 0$，于是在 $x_0 \in C[a,b]$，使得
$$F_{x_0}(f) = \int_a^b x_0(t)\mathrm{d}f(t)$$

考虑函数
$$f_0(t) = \int_0^t x_0(\tau)d\tau$$
则 $F_{x_0}(f_0) = 0$，这是因为 $f_0(t)$ 在 $[a,b]$ 上连续。但是另一方面，由 $F_{x_0} \neq 0$ 得 $x_0 \neq 0$，且
$$F_{x_0}(f_0) = \int_a^b x_0(t) df_0(t) = \int_a^b x_0^2(t) dt > 0$$
由此得出矛盾。所以 $C[a,b]$ 不是自反的。

$L^1[a,b], l^1, L^\infty[a,b], l^\infty$ 不是自反的。

3.7.2 弱收敛

到现在为止，我们已经定义了下列几种收敛概念：对于赋范空间中的点列来说，有依范数收敛或强收敛概念。对于定义在赋范空间上的有界线性算子列来说，有依范数收敛与强收敛，并已指出这是两种不同的收敛概念。

依范数收敛固然有良好的性质，但往往要求过强。例如，在 $C[a,b]$ 空间中依范数收敛就是一致收敛。我们知道，即使对数学分析中的一些问题，如积分号取极限，一致收敛也不是必要的。在很多情况下，一种较强的收敛可能包含问题所需的信息，而验证收敛条件或许容易得多。因此，有必要考虑弱于范数收敛的收敛性。

现在定义两种收敛概念：一种是共轭空间中有界线性泛函序列的弱*收敛，另一种是空间中点列的弱收敛。

以下设 X 是给定的赋范空间。

定义 3.7.1 设 $\{x_n\} \subset X$ 与 $\{u_n\} \subset X^*$ 是两个序列。

(i) 若 $x \in X, \forall u \in X^*$，有 $u(x_n) \to u(x)(n \to \infty)$，则称 $\{x_n\}$ 弱收敛于 x，记作 $x_n \rightharpoonup x(n \to \infty)$。

(ii) 若 $u \in X^*, \forall x \in X$，有 $u_n(x) \to u(x)(n \to \infty)$，则称 $\{u_n\}$ 弱*收敛于 u，记作 $u_n \rightharpoonup^* u(n \to \infty)$。

直接看出，$x_n \to x \Rightarrow x_n \rightharpoonup x; u_n \to u \Rightarrow u_n \rightharpoonup^* u$，即范数收敛强于弱收敛或弱*收敛。因此，也将范数收敛称为强收敛。

若 $\dim X < \infty$，例如设 $X = \mathbf{K}^n$，则在 X 中
$$x^{(k)} \rightharpoonup x \Rightarrow \langle x^{(k)}, e_i \rangle \to \langle x, e_i \rangle \quad (1 \leqslant i \leqslant n)$$
$$\Rightarrow x_i^{(k)} \to x_i \quad (1 \leqslant i \leqslant n)$$
$$\Rightarrow x^{(k)} \to x$$

($\{e_i\}$ 是 $\mathbf{K}^n$ 的标准基)，这表明 $x^{(k)} \to x \Leftrightarrow x^{(k)} \rightharpoonup x (k \to \infty)$。因此，有限维空间中强收敛与弱收敛没有区别。

下面对弱收敛给出形式上更弱的条件，以便实际判定弱收敛时更加容易。在以下定理中，基本集概念是关键的。

定理 3.7.1 设 B, G 分别为 X 与 X^* 的基本集。

(i) 设 $\{x_n\} \subset X, x \in X$，则 $x_n \rightharpoonup x \Leftrightarrow \{x_n\}$ 有界，且 $\forall u \in G$，有
$$u(x_n) \to u(x) \quad (n \to \infty)$$

(ii) 设 $\{u_n\} \subset X^*, u \in X^*$，若 $\{u_n\}$ 有界，且 $\forall x \in B$，有 $u_n(x) \to u(x)$，则 $u_n \rightharpoonup^* u(n \to \infty)$。当 X 完备时其逆亦真。

证 (i) 若 $x_n \rightharpoonup x$，则 $\forall u \in X^*$，$\{u_n(x_n)\}$ 有界，于是知 $\{x_n\}$ 有界。$u \in X^*, \forall \varepsilon > 0$，取 $v = \mathrm{Span} G$，使 $\|u - v\| < \varepsilon$。显然亦有
$$v(x_n) \to v(x)(n \to \infty)$$
于是有 $N > 0$，使得
$$|v(x_n) - v(x)| < \varepsilon \quad (\forall n \geqslant N)$$
这样，当 $n \geqslant N$ 时，有
$$|u(x_n) - u(x)| \leqslant |u(x_n) - v(x_n)| + |v(x_n) - v(x)| + |v(x) - u(x)|$$
$$< \|u - v\|(\|x_n\| + \|x\|) + \varepsilon < \varepsilon(\beta + \|x\| + 1)$$
可见 $u(x_n) \to u(x)(n \to \infty)$。因此 $x_n \rightharpoonup x$。

(ii) 的证明是类似的，仅有的区别是，在证 $u_n \rightharpoonup u \Rightarrow \sup_{n \geqslant 1} \|u_n\| < \infty$ 时，为此，要求 X 完备。

下面我们研究几个具体空间中的弱收敛性。

在空间 $\mathbf{R}^n$ 中弱收敛与强收敛等价。

定理 3.7.2 空间 $C[a,b]$ 中点列 $\{x_n\}$ 弱收敛于 $x_0 \in C[a,b]$，当且仅当

(i) $\{\|x_n\|\}$ 有界；

(ii) $\{x_n(t)\}$ 在 $[a,b]$ 上逐点收敛于 $x_0(t)$。

证 设 $x_n \rightharpoonup x_0(n \to \infty)$。由弱收敛的性质知(i)成立。其次，对于每一 $t_0 \in [a,b]$，定义泛函 f_0：
$$f_0(x) = x(t_0) \quad (x \in C[a,b])$$
不难看到，f_0 是 $C[a,b]$ 上的有界线性泛函，于是对每一个 $t_0 \in [a,b]$，
$$x_n(t_0) = f_0(x_n) \to f_0(x_0) = x_0(t_0) \quad (n \to \infty)$$
即(ii)成立。

反之，设 f 是 $C[a,b]$ 上任一有界线性泛函。由定理 3.6.1，存在 $[a,b]$ 上的有界变差函数 $v(t)$，使得
$$f(x) = \int_a^b x(t) \mathrm{d}v(t) \quad (x \in C[a,b])$$
如果 $\{x_n\}$ 满足条件(i)及(ii)，应用控制收敛定理则有
$$\int_a^b x_n(t) \mathrm{d}v(t) \to \int_a^b x_0(t) \mathrm{d}v(t) \quad (n \to \infty)$$
从而 $f(x_n) \to f(x_0)(n \to \infty)$，即 $x_n \rightharpoonup x_0(n \to \infty)$。证毕。

定理 3.7.3 空间 $L^p[a,b](p > 1)$ 中点列 $\{x_n\}$ 弱收敛于 x_0，当且仅当

(i) $\{\|x_n\|\}$ 有界；

(ii) 对于每一 $t \in [a,b]$，$\int_a^t x_n(\tau) \mathrm{d}\tau \to \int_a^t x_0(\tau) \mathrm{d}\tau \quad (n \to \infty)$。

证 设 $x_n \rightharpoonup x_0(n \to \infty)$，则(i)成立。为证明(ii)成立，对于每一 $t \in [a,b]$，作函数
$$y_t(\tau) = \begin{cases} 1, a \leqslant \tau \leqslant t, \\ 0, t < \tau \leqslant b \end{cases}$$
$y_t(\tau)$ 作为 τ 的函数属于 $L^q[a,b](\frac{1}{p} + \frac{1}{q} = 1)$。于是由定理 3.6.2，
$$f(x) = \int_a^b x(\tau) y_t(\tau) \mathrm{d}\tau = \int_a^t x_0(\tau) \mathrm{d}\tau \quad (n \to \infty)$$
定义了 $L^p[a,b]$ 上的一个有界线性泛函 f。因此
$$\int_a^t x_n(\tau) \mathrm{d}\tau \to \int_a^t x_0(\tau) \mathrm{d}\tau \quad (n \to \infty)$$

即(ii)成立。

反之，设$\{x_n\}$满足条件(i)及(ii)。条件(ii)等价于
$$\int_a^b x_n(\tau)y_t(\tau)\mathrm{d}\tau \to \int_a^b x_0(\tau)y_t(\tau)\mathrm{d}\tau (n \to \infty)$$
于是对任一阶梯函数
$$y(\tau) = \sum_{i=1}^k \alpha_i y_{t_i}(\tau)$$
其中，k为任一自然数，$t_1 < t_2 < \cdots < t_k$为$[a,b]$中任意k个点，$\alpha_i(i=1,2,\cdots,k)$为任意k个数。则有
$$\int_a^b x_n(\tau)y(\tau)\mathrm{d}\tau \to \int_a^b x_0(\tau)y(\tau)\mathrm{d}\tau (n \to \infty)$$
而形如$y(\tau)$的阶梯函数全体在$L^q[a,b]$中稠密，由定理 3.6.2，对任意$y \in L^q[a,b]$上式成立，即$\{x_n\}$弱收敛于x_0。证毕。

我们已知，在有穷维赋范空间中强弱收敛等价。下面我们给出一个无穷维空间的例子，在这个空间中，由点列弱收敛可推出强收敛。

定理 3.7.4(Schur) 在空间l^1中，点列强收敛与弱收敛等价。

证 设$x_0, x_n \in l^1(n=1,2,\cdots)$且$x_n \rightharpoonup x_0(n \to \infty)$，我们证明$\|x_n - x_0\| \to 0(n \to \infty)$。为此只需证明，如果$x_n \rightharpoonup 0(n \to \infty)$，则$\|x_n\| \to 0(n \to \infty)$。假如不然，则存在子列$\{x_{n_k}\}$，使得
$$\lim_{k \to \infty} \|x_{n_k}\| = l > 0 \tag{3-47}$$
显然当考虑子列时仍保持弱收敛性。此外必要时我们以$\frac{x_{n_k}}{\|x_{n_k}\|}$来代替$x_{n_k}$，于是我们可以假设所给点列$\{x_n\} \in l^1, \|x_n\| = 1(n=1,2,\cdots)$并且
$$x_n \rightharpoonup 0 \quad (n \to \infty) \tag{3-48}$$
设$x_n = \{\xi_k^{(n)}\}(n=1,2,\cdots)$。定义泛函$f_k$：
$$f_k(x) = \xi_k \quad (x = \{\xi_k\}; k=1,2,\cdots)$$
显然$f_k(k=1,2,\cdots)$是l^1上的有界线性泛函。于是由式(3-48)，$f_k(x_n) \to 0(n \to \infty)$，即
$$\xi_k^{(n)} \to 0 \quad (n \to \infty; k=1,2,\cdots) \tag{3-49}$$

设$n_1 = 1$，这时
$$\sum_{k=1}^{\infty} |\xi_k^{(n_1)}| = \|x_{n_1}\| = 1$$
因此存在指标$p_1 > 0$，使得
$$\sum_{k=1}^{p_1} |\xi_k^{(n_1)}| > \frac{3}{4}$$

设已经选取整数$1 = n_1 < n_2 < \cdots < n_j$及$0 = p_0 < p_1 < \cdots < p_j$，使得
$$\sum_{k=1}^{p_{s-1}} |\xi_k^{(n_s)}| < \frac{1}{4} \quad (s = 1, 2, \cdots, j) \tag{3-50}$$
及
$$\sum_{k=p_{s-1}+1}^{p_s} |\xi_k^{(n_s)}| > \frac{3}{4} \quad (s = 1, 2, \cdots, j) \tag{3-51}$$

这时由式(3-50)可求出指标$n_{j+1} < n_j$，使得
$$\sum_{k=1}^{p_j} |\xi_k^{(n_{j+1})}| < \frac{1}{4}$$
由这个不等式及$\|x_n\| = 1 (n = 1, 2, \cdots)$，则有
$$\sum_{k=p_j+1}^{\infty} |\xi_k^{(n_{j+1})}| = \sum_{k=1}^{\infty} |\xi_k^{(n_{j+1})}| - \sum_{k=1}^{p_j} |\xi_k^{(n_{j+1})}| > \frac{3}{4}$$
因此存在指标$p_{j+1} > p_j$，使得
$$\sum_{k=p_j+1}^{p_{j+1}} |\xi_k^{(n_{j+1})}| > \frac{3}{4}$$

以上应用数学归纳法我们证明了，存在两个整数列$1 = n_1 < n_2 < \cdots$及$0 = p_0 < p_1 < \cdots$，使得对于每个$s = 1, 2, \cdots$不等式(3-50)及(3-51)成立。

现在令
$$\eta_k = \operatorname{sgn} \xi_k^{(n_s)} \quad (p_{s-1} < k \leqslant p_s; k, s = 1, 2, \cdots)$$
则$\{\eta_k\} \in l^{\infty}$，因此它在$l^1$上决定了一个线性泛函$f_0$，使得
$$f_0(x) = \sum_{k=1}^{\infty} \eta_k \xi_k \quad (x = \{\xi_k\} \in l^1)$$

我们估计$f_0(x_{n_s})$的下界。由于$|\eta_k| \leqslant 1$,我们有

$$|f_0(x_{n_s})| = |\sum_{k=1}^{\infty} \eta_k \xi_k^{(n_s)}|$$

$$\geqslant |\sum_{k=p_{s-1}+1}^{p_s} \eta_k \xi_k^{(n_s)}| - \sum_{k=1}^{p_{s-1}} |\eta_k \xi_k^{(n_s)}| - \sum_{k=p_s+1}^{\infty} |\eta_k \xi_k^{(n_s)}|$$

$$\geqslant |\sum_{k=p_{s-1}+1}^{p_s} \xi_k^{(n_s)}| - \sum_{k=1}^{p_{s-1}} |\xi_k^{(n_s)}| - \sum_{k=p_s+1}^{\infty} |\xi_k^{(n_s)}|$$

$$= 2\sum_{k=p_{s-1}+1}^{p_s} |\xi_k^{(n_s)}| - \|x_{n_s}\|$$

于是,由$\|x_{n_s}\| = 1$及式(3-51)得$f_0(x_{n_s}) > \frac{1}{2}$,这与式(3-49)相矛盾。证毕。

现在再回到一般的弱收敛问题。关于强收敛的基本性质,例如极限的唯一性、与线性运算的相容性、收敛序列子列的收敛性等,都很容易推广到弱收敛与弱*收敛。但关于弱收敛的深入讨论显示出很大的复杂性,且与强收敛有重大差别,这些都不能在此处详述。下面只叙述一个最重要的结果,它不仅应用广泛,而且显示出弱收敛与强收敛的深刻差别。

定理 3.7.5 自反Banach空间中任何有界序列包含弱收敛子列。

显然,定理中的"弱收敛子列"绝不能改为"强收敛子列",除非空间是有限维的。定理3.7.5的意义在于,它表明自反空间中的有界集在弱收敛意义上具有某种"紧性"。这样,就可将基于紧性的一些结果推广到弱收敛的情况。一个简单例子是:

定理 3.7.6 设X是自反Banach空间,$D \subset X$是有界闭凸集,$f: D \to R$在以下意义上连续:

$$x_n \rightharpoonup x(x, x_n \in D) \Rightarrow f(x) \leqslant \liminf_{n \to \infty} f(x_n) \tag{3-52}$$

则$f(x)$在D上取得最小值。

证 令$\alpha = \inf_{x \in D} f(x)$。取序列$\{x_n\} \subset D$,使$f(x_n) \to \alpha(n \to \infty)$。由定理3.7.5,不妨设$x_n \rightharpoonup x$,必定$x \in D$,否则由分离定理有$u \in X^*$, $r \in \mathbf{R}$,使

$$u(x) < r < u(D)$$

这与$u(x_n) \to u(x)$相矛盾。于是用条件(3-52)得
$$f(x) \leqslant \lim_n f(x_n) = \alpha \leqslant f(x)$$
这表明$f(x) = \alpha$是f在D上的最小值。

定理 3.7.6在极值理论中用处颇大。

现在将弱收敛思想用于算子序列。设$T_n, T \in L(X,Y), n = 1, 2, \cdots$。对$\{T_n\}$可考虑由Von Neumann引进的以下三种收敛性：

一致收敛：$\|T_n - T\| \to 0 \Leftrightarrow$在$B_1(0)$上$T_n x \rightrightarrows Tx$；

强收敛：$T_n x \to Tx (\forall x \in X)$；

弱收敛：$T_n x \rightharpoonup Tx (\forall x \in X)$。

显然一致收敛$\Rightarrow$ 强收敛$\Rightarrow$ 弱收敛。在无限维空间中，三者一般是互不相同的。

例 3.7.1 1. 设$T_n \in L(l^2)(n = 1, 2, \cdots)$定义为
$$T_n x = \sum_{i>n} x_i e_i, \quad x = (x_i) \in l^2$$
其中$\{e_i\}$是l^2的标准基。显然$\{T_n\}$强收敛于零算子。因$\|T_n\| = 1(n = 1, 2, \cdots)$，$\{T_n\}$并不一致收敛于零。

2. 设$T_n \in L(l^2)(n = 1, 2, \cdots)$定义为
$$T_n x = x_1 e_n, \quad x = (x_i) \in l^2$$
则显然$T_n x \rightharpoonup 0$，可见$\{T_n\}$弱收敛于零。但$T_n e_1 = e_n \nrightarrow 0 (n \to \infty)$，因此$\{T_n\}$不强收敛于零。

关于算子序列有以下强收敛结果。

定理 3.7.7 设X, Y是Banach空间，$\{T_n\} \subset L(X, Y)$，则$\{T_n\}$强收敛的充要条件是：

(i) $\sup_n \|T_n\| < \infty$；

(ii) 存在X的基本集B，使得$\forall x \in B : \{T_n x\}$收敛。

证 必要性直接从一致有界原理得出。

设条件(i)(ii)满足，则 $\forall x \in \mathrm{Span}B$，存在
$$Tx = \lim_n T_n x \tag{3-53}$$

$\forall y \in X, \varepsilon > 0$ 取 $x \in \mathrm{Span}B$，使 $\|x - y\| < \varepsilon$。则由
$$\|T_m y - T_n y\| \leqslant \|T_m y - T_m x\| + \|T_m x - T_n x\| + \|T_n x - T_n y\|$$
$$\leqslant \varepsilon(\|T_m\| + \|T_n\|) + \|T_m x - T_n x\|$$

推出 $\{T_n y\}$ 收敛。故式(3-53)定义一个算子 $T: X \to Y$，它显然是线性的。由
$$\|Tx\| = \lim_n \|T_n x\| \leqslant \liminf_n \|T_n\| \|x\|$$

推出 $\|T\| \leqslant \liminf_{n\to\infty}\|T_n\| < \infty$，故 $T \in L(X, Y)$，$\{T_n\}$ 强收敛于 T。

注意定理 3.7.7 中附带得出了估计
$$\|T\| \leqslant \liminf_{n\to\infty} \|T_n\| \tag{3-54}$$

这一结果当然亦适用于有界线性泛函序列。

在 3.6、3.7 节中，我们研究了共轭空间、共轭算子及弱收敛，希望读者注意：

1. 如果我们从更高的层次即从整体上来考虑有界线性泛函，则得到共轭空间的概念。共轭空间的出现是泛函分析发展史上的重要事件之一。

有了共轭空间的概念，便可以进而引入共轭算子的概念。共轭算子又称伴随算子，它"伴随"着原算子的出现而出现。共轭算子与原算子有着密切的联系。譬如说，它们有相同的范数，映射: $T| \to T^*$ 是线性的（见共轭算子的性质），等等。

2. 关于点列及有界线性泛函序列的收敛概念，则应当注意：对于点列来说，有依范数收敛（即强收敛）、弱收敛两种，对于有界线性泛函序列来说，则有强收敛（即依范数收敛）、弱收敛以及弱*收敛等三种。

3.8 紧算子

无穷维空间上的任意线性算子可以相当复杂，但有一类算子在某种意义上接近有穷维空间上的线性算子，并且在各种不同的研究中，特别是积

分方程理论中起着重要的作用，这一类算子就是紧算子。

3.8.1 紧算子的定义

定义 3.8.1 设 T 是赋范空间 X 上到赋范空间 X_1 中的线性算子，如果对 X 中任意有界集 M，$\overline{TM}$ 为 X_1 中的紧集，称 T 是紧算子或全连续算子。

由于 TM 列紧等价于 $\overline{TM}$ 是紧集，因此线性算子 T 是紧算子，当且仅当 T 把 X 中的有界集映为 X_1 中的列紧集。

由于赋范空间中的紧子集是有界集，所以紧算子必是有界线性算子。

在有限维赋范空间中任意线性算子都是紧算子，因为它把任意有界集映成有界集，但是在无穷维空间上，有界线性算子未必是紧算子。

例 3.8.1 设 Banach 空间 X 是无穷维的，I 是 X 上的恒等算子，则 I 不是紧算子。

事实上，设 $x_1, x_2, \cdots$ 是 X 中线性无关的点列，X_n 是由 $\{x_1, x_2, \cdots, x_n\}$ 张成的子空间。由 Riese 引理，存在点列 $y_n \in X_n (n = 1, 2, \cdots)$，使得 $\|y_n\| = 1$，且对每一个 $y \in X_{n-1}$，$\|y_n - y\| \geqslant \frac{1}{2}$，这样点列 $\{y_n\}$ 没有收敛子列，所以 I 不是紧算子。

例 3.8.2 设 X, X_1 是赋范空间，$T \in L(X, X_1)$，如果 TX 是有穷维的，则 T 是紧算子。

因为 T 把 X 中任意有界集映为 X_1 中的有界集，而在有穷维空间中的有界集是列紧集，所以 T 是紧算子。

例 3.8.3 设 $k(t,s)$ 在 $a \leqslant t \leqslant b, a \leqslant s \leqslant b$ 上连续，
$$(Tx)(t) = \int_a^b k(t,s)x(s)\mathrm{d}s \quad x \in C[a,b]$$
则 T 是 $C[a,b]$ 上到自身中的紧算子。

证 设 M 是 $C[a,b]$ 中的任意有界集，则存在常数 C，使得对于每一个 $x \in M, \|x\| \leqslant C$，于是对任意 $t_1, t_2 \in [a,b]$，
$$|Tx(t_1) - Tx(t_2)| \leqslant \int_a^b |k(t_1,s) - k(t_2,s)||x(s)|\mathrm{d}s$$
$$\leqslant C \int_a^b |k(t_1,s) - k(t_2,s)|\mathrm{d}s$$
由于 $k(t,s)$ 连续，对任意 $\varepsilon > 0$，存在 $\delta > 0$，使得对任意 $t_1, t_2 \in [a,b]$，

当$|t_1 - t_2| < \delta$时，
$$|k(t_1,s) - k(t_2,s)| < \frac{\varepsilon}{C(b-a)} \quad (s \in [a,b])$$

因此对于每一个$x \in M$，
$$|Tx(t_1) - Tx(t_2)| < \varepsilon$$

这说明TM是等度连续的，此外TM是有界的，由Arzala定理，TM是列紧的，所以T是紧算子。

3.8.2 紧算子的基本性质

定理 3.8.1 设X, X_1是赋范空间，$T \in L(X, X_1)$。如果T是紧算子，则T把X中弱收敛点列映成X_1中强收敛点列。

证 设$\{x_n\} \subset X$弱收敛于$x_0 \in X$，则在X_1中$\{Tx_n\}$弱收敛于Tx_0。假设$\{Tx_n\}$不强收敛于Tx_0，必存在$\varepsilon_0 > 0$及$\{x_n\}$的子列$\{x_{n_k}\}$，使得
$$\|Tx_{n_k} - Tx_0\| \geq \varepsilon_0 \quad (k = 1, 2, \cdots) \tag{3-55}$$

由于T是紧算子而$\{x_{n_k}\}$有界，$\{Tx_{n_k}\}$中必存在强收敛子列，不妨设这个子列就是$\{Tx_{n_k}\}$且其极限为y_0，在式(3-55)中令$k \to \infty$，则得
$$\|y_0 - Tx_0\| > \varepsilon_0 \tag{3-56}$$

另一方面，$\{Tx_{n_k}\}$显然弱收敛于y_0，因此$y_0 = Tx_0$，这与式(3-56)相矛盾，所以$\{Tx_n\}$强收敛于Tx_0。证毕。

定理 3.8.2 设$\{T_n\}$是赋范空间X上到Banach空间X_1中的紧算子列且按范数收敛于算子T，则T也是紧的。

证 为了证明T是紧的，我们只需证明对X中任意有界点列$\{x_n\}$，$\{Tx_n\}$中有收敛子列。由于T_1是紧算子，从$\{T_1 x_n\}$中可选出收敛子列，设$\{x_n^{(1)}\}$是使$\{T_1 x_n^{(1)}\}$收敛的子列。现在考虑$\{T_2 x_n^{(1)}\}$，由于T_2也是紧的，因此由它可选出收敛子列。设$\{x_n^{(2)}\}$是$\{x_n^{(1)}\}$的子列且使得$\{T_2 x_n^{(2)}\}$收敛，显然这时$\{T_1 x_n^{(2)}\}$也收敛。这个过程可以继续下去，从$\{x_n^{(2)}\}$中可选出子列$\{x_n^{(3)}\}$，使得$\{T_3 x_n^{(3)}\}$收敛，等等，我们取对角线点列$\{x_n^{(n)}\}$，则算子列$\{T_n\}$中每一个算子都把这个点列映为收敛点列。现在我们只需证明$\{Tx_n^{(n)}\}$收敛。

对于任意m,n，由于
$$\|Tx_n^{(n)} - Tx_m^{(m)}\| \leqslant \|Tx_n^{(n)} - T_k x_n^{(n)}\| + \|T_k x_n^{(n)} - T_k x_m^{(m)}\| + \|T_k x_m^{(m)} - Tx_m^{(m)}\| \tag{3-57}$$

设$\|x_n\| \leqslant C$，对任意$\varepsilon > 0$，选取k，使得$\|T - T_k\| < \frac{\varepsilon}{3C}$，然后再选取$N$，使得当$n, m > N$时，
$$\|T_k x_n^{(n)} - T_k x_m^{(m)}\| < \frac{\varepsilon}{3}$$
于是由式(3-57)，当$n, m > N$时，
$$\|Tx_n^{(n)} - Tx_m^{(m)}\| < \varepsilon$$
即$\{Tx_n^{(n)}\}$是X_1中的Cauchy列，由于X_1完备，所以$\{Tx_n^{(n)}\}$必收敛。证毕。

容易验证，紧算子的线性组合也是紧的，由此及定理 3.8.2可知，对于Banach空间X，X上的紧算子的全体是$L(X)$的闭子空间。

例 3.8.4 对于每一$x = \{\xi_k\} \in l^2$，令$Tx = y$，其中$y = \{\eta_k\}, \eta_k = \frac{\xi_k}{k}(k = 1, 2, \cdots)$，则$T : l^2 \to l^2$且$T$是一个紧算子。

显然T是线性算子，且当$x = \{\xi_k\} \in l^2$时，$Tx = y = \{\eta_k\} \in l^2$，定义算子$T_n$：对于$x = \{\xi_k\} \in l^2$，
$$T_n x = \{\xi_1, \frac{\xi_2}{2}, \cdots, \frac{\xi_n}{n}, 0, 0, \cdots\}$$
容易验证，对于每一个n，T_n是线性算子并且T_n的值域是有穷维的，因此由例 3.8.2知T_n是紧算子。此外由于
$$\|(T - T_n)x\|^2 = \sum_{k=n+1}^{\infty} |\eta_k|^2 = \sum_{k=n+1}^{\infty} \frac{1}{k^2}|\xi_k|^2$$
$$\leqslant \frac{1}{(n+1)^2} \sum_{k=n+1}^{\infty} |\xi_k|^2 \leqslant \frac{\|x\|^2}{(n+1)^2}$$
得$\|T - T_n\| \leqslant \frac{1}{n+1}$，因此$\|T_n - T\| \to 0 (n \to \infty)$。根据定理 3.8.2，$T$是紧算子。

定理 3.8.3 设X是赋范空间，T是X上的紧算子，S是X上任意有界线性算子，则TS, ST都是紧算子。

证 设$M \subset X$是任意有界集，则SM也是X中的有界集，因此TSM是列紧集，所以TS是紧算子。其次，如果M是X中的有界集，则TM是列

紧集，由于S的连续性，STM也是列紧的，即ST是紧算子。

推论 3.8.1 在无穷维赋范空间中，紧算子不可能有有界逆算子。

事实上，设赋范空间X是无穷维的，T是X上的紧算子，假设T^{-1}是T的有界逆算子，则由定理 3.8.3，$I = T^{-1}T$是紧算子，由例 3.8.1 知，这是不可能的。

定理 3.8.3 表明，Banach 空间 X 上的所有紧算子的全体是有界线性算子环 $L(X)$ 中的一个双侧理想。

定理 3.8.4 设 T 是赋范空间 X 上到赋范空间 X_1 中的紧算子，则 T^* 也是紧算子。

证 考虑 X_1^* 中的球 $B = \{g \in X_1^* : \|g\| \leqslant C\}$，我们证明 T^*B 是 X^* 中的全有界集，由于 X^* 完备，由此得 T^* 是紧算子。

由于 T 是紧的，设 $U = \{x \in X : \|x\| \leqslant 1\}$，则 TU 是全有界集，因此对任意 $\varepsilon > 0$，存在有穷 ε_1-网，这里 $\varepsilon_1 = \frac{\varepsilon}{4C}$，即存在 $x_1, x_2, \cdots, x_n \in U$，使得对于每一 $x \in U$，存在 $1 \leqslant i \leqslant n$，使得

$$\|Tx - Tx_i\| < \frac{\varepsilon}{4C} \tag{3-58}$$

定义线性算子 $A : X_1^* \to \mathbf{R}^n$，

$$Ag = (g(Tx_1), \cdots, g(Tx_n)) \tag{3-59}$$

由于 g 是有界的，T 是有界的，则 A 是一个紧算子。因此 AB 是全有界集，于是 AB 包含一个有穷 ε_2-网 $\{Ag_1, \cdots, Ag_m\}$，这里 $\varepsilon_2 = \frac{\varepsilon}{4}$，即对于每一个 $g \in B$，存在 $1 \leqslant k \leqslant m$，使得

$$\|Ag - Ag_k\| < \frac{\varepsilon}{4} \tag{3-60}$$

我们证明 $\{T^*g_1, \cdots, T^*g_m\}$ 是 T^*B 的 ε-网。由式 (3-59) 及式 (3-60)，对于每个 i 及每个 $g \in B$，存在 k 使得

$$|g(Tx_i) - g_k(Tx_i)|^2 \leqslant \sum_{i=1}^n |g(Tx_i) - g_k(Tx_i)|^2$$

$$= \|A(g - g_k)\|^2 < (\frac{\varepsilon}{4})^2 \tag{3-61}$$

由于对任意 $x \in U$ 存在 i，使得式(3-58)成立；对于任意 $g \in B$，使得式(3-60)成立及对于 k 及每一个 i，式(3-61)成立，我们得到

$$|g(Tx) - g_k(Tx)|$$
$$\leqslant |g(Tx) - g(Tx_i)|$$
$$+ |g(Tx_i) - g_k(Tx_i)| + |g_k(Tx_i) - g_k(Tx)|$$
$$\|g\|\|Tx - Tx_i\| + \frac{\varepsilon}{4} + \|g_k\|\|Tx_i - Tx\|$$
$$\leqslant C \cdot \frac{\varepsilon}{4C} + \frac{\varepsilon}{4} + C \cdot \frac{\varepsilon}{4C}$$

最后得

$$\|T^*g - T^*g_k\| = \sup_{\|x\|=1} |T^*(g - g_k)(x)|$$
$$= \sup_{\|x\|=1} |g(Tx) - g_k(Tx)| < \varepsilon$$

这说明 $\{T^*g, \cdots, T^*g_m\}$ 是 T^*B 的 ε-网，由于 X_1^* 完备，T^* 是紧算子。

定理 3.8.5 设 X 是 Banach 空间，T 是 X 上的紧算子，则对任意 $\delta > 0$，仅有有穷个线性无关的特征向量，它们对应于模超过 δ 的特征值。

证 假设 $\lambda_1, \lambda_2, \cdots, \lambda_n, \cdots$ 是算子 T 的任意一个特征值序列(它们彼此不相同或有重复)，且 $|\lambda_n| > \delta$；$x_1, x_2, \cdots, x_n, \cdots$ 是它们对应的特征向量序列，且这些向量线性无关。

用 X_n 表示由 $\{x_1, x_2, \cdots, x_n\}$ 生成的子空间，由 Riesz 引理，对于每一个 n，存在 $y_n \in X_n$，使得 $\|y_n\| = 1$，并且对于每一个 $y \in X_{n-1}, \|y_n - y\| > \frac{1}{2}$。

由于 $|\lambda_n| > \delta$，$\{\frac{y_n}{\lambda_n}\}$ 是 X 中的有界集。我们证明 $\{T(\frac{y_n}{\lambda_n})\}$ 没有收敛子列。设 $y_n = \sum_{k=1}^{n} \alpha_k x_k$，则

$$T(\frac{y_n}{\lambda_n}) = \sum_{k=1}^{n-1} \frac{\alpha_k \lambda_k}{\lambda_n} x_k + \alpha_n x_n = y_n + Z_n$$

其中 $Z_n = \sum_{k=1}^{n-1} \alpha_k (\frac{\lambda_k}{\lambda_n} - 1) x_k \in X_{n-1}$。对任意 $i > j$，由于 $y_j + Z_j - Z_i \in X_{i-1}$，则有

$$\|T(\frac{y_i}{\lambda_i}) - T(\frac{y_j}{\lambda_j})\| = \|y_i + Z_i - (y_j + Z_j)\|$$
$$= \|y_i - (y_j + Z_j - Z_i)\| > \frac{1}{2}$$

这与T是紧算子矛盾。证毕。

由定理 3.8.5得，对于紧算子T的特征值$\lambda \neq 0$对应的线性无关的特征向量的个数是有穷的。此外还可得，在圆外部$|\lambda| > \delta > 0$，紧算子T的特征值的数目是有穷的，因此算子T的特征值可按其模的递减顺序$|\lambda_1| \geqslant |\lambda_2| \geqslant \cdots$来编号。

第 3 章 Banach空间上的有界线性算子

习题三

1. 设 $\sup\limits_{n\geqslant 1}|\alpha_n| < \infty$，在 l^1 上定义算子 $T: y = Tx$，其中 $x = \{\xi_k\}, y = \{\eta_k\}, \eta_k - \alpha_k\xi_k(k=1,2,\cdots)$。证明：$T$ 是 l^1 上的有界线性算子并且 $\|T\| = \sup\limits_{n\geqslant 1}|\alpha_n|$。

2. 设 $e_1 = (1,0,\cdots,0), e_2 = (0,1,0,\cdots,0), \cdots, e_n = (0,0,\cdots,0,1)$ 是 $\mathbf{R}^n$ 的基。对于 $x \in \mathbf{R}^n, x = (\xi_1, \xi_2, \cdots, \xi_n)$，如果在 $\mathbf{R}^n$ 上定义范数为：
$(1)\|x\| = \sup\limits_{1\leqslant k\leqslant n}|\xi_k|; (2)\|x\| = \sum\limits_{k=1}^{n}|\xi_k|$。试分别求出 $(\mathbf{R}^n)^*$ 的范数。

3. 设线性算子 $T: L[a,b] \to C[a,b]$ 定义为 $(Tf)(x) = \int_a^x f(t)\mathrm{d}t$。证明：$\|T\| = 1$。

4. 设线性算子 $T: L[a,b] \to L[a,b]$ 定义为 $(Tf)(x) = \int_a^x f(t)\mathrm{d}t$。证明：$\|T\| = b - a$。

5. 设 $C^1[a,b]$ 是 $[a,b]$ 上连续可微函数全体构成的赋范空间，其范数为
$$\|x\| = \max_{t\in[a,b]}|x(t)| + \max_{t\in[a,b]}|x'(t)|$$
证明：此范数满足范数公理。

令 $f(x) = x'(c), c = \frac{a+b}{2}$，证明：$f$ 是 $C^1[a,b]$ 上的有界线性泛函。如果将 f 看作 $C[a,b]$ 中所有连续可微函数组成的子空间上的泛函，证明：f 是无界的。

6. 证明：赋范空间 X 上非零线性泛函 f 不连续的充分必要条件是 f 的零空间 $N(f)$ 在 X 中稠密。

7. 在二维线性空间 K_2 中引入范数
$$\|x\| = |\xi_1| + |\xi_2|, \quad x = (\xi_1, \xi_2) \in K_2$$
构成赋范空间。在 K_2 上定义泛函 f，即
$$f(x) = \alpha\xi_1 + \beta\xi_2, x = (\xi_1, \xi_2) \in K_2$$
求 $\|f\|$。

8. 设 X, Y 是Banach空间，$T: X \to Y$ 是线性算子并且对任意 $x_n \in X$，当 $x_n \to 0(n \to \infty)$ 时，对于每一个 $f \in Y^*$，
$$f(Tx_n) \to 0(n \to \infty)$$

证明：T是连续的。

9. 证明：$C^1[a,b]$上的线性泛函
$$f(x) = x'(t_0) \quad (x \in C^1[a,b], t_0 \in [a,b])$$
是连续的。

10. 设Banach空间X具有Schauder基$\{e_k\}$。对于每一个$x \in X$，$x = \sum_{k=1}^{\infty} \alpha_k e_k$，令
$$f_n(x) = \alpha_n \quad (n = 1, 2, \cdots)$$
证明：每一个f_n是X上的有界线性泛函。

11. 设X是赋范空间，f是X上的线性泛函，证明：f是有界的，当且仅当f的零空间$N(f) = \{x \in X : f(x) = 0\}$是闭子空间。

12. 设$\alpha(\cdot)$是定义在$[a,b]$上的函数。令
$$(Tx)(t) = \alpha(t)x(t) \quad (x \in C[a,b])$$
则T是由$C[a,b]$到其自身的有界线性算子的充分必要条件是$\alpha(\cdot)$在$[a,b]$上连续。

13. 设$\alpha(\cdot)$是定义在有界可测集E上的函数。令
$$(Tx)(t) = \alpha(t)x(t) \quad (x \in L^2(E))$$
则T是由$L^2(E)$到其自身的有界线性算子的充分必要条件是$\alpha(\cdot)$在E上可测且本性有界。

14. 设X, X_1, X_2都是赋范空间，$T_n, T \in L(X, X_1)$，$S_n, S \in L(X_1, X_2)$，若$\{T_n\}, \{S_n\}$分别依算子范数收敛于T, S，则$\{S_n T_n\}$依算子范数收敛于ST。

15. 证明：Banach空间X是自反的，当且仅当X^*是自反的。

16. 设X是Banach空间，证明：如果X^*是可分的，则X也是可分的。

17. 证明：空间$L^1[a,b]$及l^1不是自反的。

18. 证明：任何有限维赋范空间都是自反的。

19. 证明：无穷维赋范空间的共轭空间是无穷维的。

20. 设 X 是赋范空间,$x_0, x_n \in X(n=1,2,\cdots)$。证明:若 $x_n \rightharpoonup x_0(n \to \infty)$,则存在 $\{x_n\}$ 的有穷线性组合序列强收敛于 x_0。

21. 设 M 是赋范空间 X 的闭子空间,$x_0 \in X$ 是 M 中某个弱收敛点列的极限,证明:$x_0 \in M$。

22. 设 X 是一致凸赋范空间,$x_0, x_n \in X(n=1,2,\cdots)$。证明:如果 $x_n \rightharpoonup x_0(n \to \infty)$ 且 $\|x_n\| \to \|x_0\|(n \to \infty)$,则 $x_n \to x_0(n \to \infty)$。

23. 设 $\{T_n\}$ 是 Banach 空间 X 上的紧算子列并且强收敛于线性算子 T,试举例说明:T 未必是紧算子。

24. 设 X, X_1 都是赋范空间,$T_n, T \in L(X, X_1)$。若 $\{x_n\} \subset X$ 依范数收敛于 $x \in X$,$\{T_n\}$ 依算子范数收敛于 T,则 $\{T_n x_n\}$ 依范数收敛于 Tx。

25. 考察 $C[0,1]$ 上的算子序列 $\{T_n\}$,其中 $(T_n x)(t) = x(t^{1+\frac{1}{n}})$,则 $\{T_n\}$ 强收敛于某一有界线性算子,但不依算子范数收敛于该算子。

26. 设 X, X_1, X_2 都是 Banach 空间。$T_n, T \in L(X, X_1)$,$S_n, S \in L(X_1, X_2)$,若 $\{T_n\}, \{S_n\}$ 分别强收敛于 T, S,证明:$\{S_n T_n\}$ 强收敛于 ST。

27. 设 $g(\cdot)$ 是可测集 E 上的可测函数,如果对任何 $f \in L(E)$,$f(\cdot)g(\cdot)$ 可积,则 g 是本性有界的。

28. 设 $x_n = \{\xi_k^{(n)}\} \in l^p(n=1,2,3,\cdots)$,则 $\{x_n\}$ 弱收敛于 $x = \{\xi_k\} \in l^p$ 的充分必要条件是 $\sup\limits_{n \geqslant 1} \|x_n\| < \infty$,且对每个 k,$\lim\limits_{n \to \infty} \xi_k^{(n)} = \xi_k$。

29. (Banach 极限) 对于 $x = \{\xi_k\} \in c$,定义 $f(x) = \lim\limits_{k \to \infty} \xi_k$。证明:

(1) f 是空间 c 上的线性泛函。

(2) 在空间 l^∞ 上存在线性泛函 F,使得 F 是 f 的延拓,并且
$$\liminf_{n \to \infty} \eta_n \leqslant F(x) \leqslant \limsup_{n \to \infty} \eta_n \quad (x = \{\eta_n\} \in l^\infty)$$
(称 $F(x)$ 为序列 $x = \{\eta_n\} \in l^\infty$ 的 Banach 极限)。

30. (平均遍历定理). 设 X 是自反 Banach 空间,$V \in L(X)$ 并且存在常数 K,使得 $\|V^n\| \leqslant K(n=1,2,\cdots)$,令
$$T_n = \frac{1}{n}(I + V + \cdots + V^{n-1})$$

证明：(1)$\{T_n\}$在$N(I-V) \oplus \overline{R(I-V)}$上强收敛于一个线性算子$P, P^2 = P$，且$\|p\| \leq K$。

(2)$X = N(I-V) \oplus \overline{R(I-V)}$.从而$\{T_n\}$在$X$上强收敛于$P$。

第 4 章

Hilbert空间

早在泛函分析成为一门独立的学科前，Hilbert在研究积分方程的求解与特征值理论时，就已经利用了满足条件

$$\sum_{k=1}^{\infty}|\xi_k|^2<+\infty$$

的序列 $\{\xi_1,\xi_2,\cdots,\xi_k,\cdots\}$。他的具体做法是利用一个标准正交系 $\{x_n(t)\}$ 作出积分方程中未知函数的傅里叶级数，于是将第二类线性积分方程化成一个与之等价的无穷代数方程组。因此当时在事实上已经引用了我们现在所熟知的 l^2 空间。后来由于抽象距离空间的出现以及一系列与之相关的概念诸如完备性、列紧性、可分性的引入，人们开始结合这些概念来讨论空间 l^2，接着发现了函数空间 L^2 具有与 l^2 相同的几何性质，后来又证明了 L^2 与 l^2 是同构的。至此，Hilbert空间理论的要点已大体完成。因此问题在于如何定义抽象的Hilbert空间。在二维及三维Eucild空间中有两个基本概念——长度与角度。赋范线性空间中元素的范数便是长度概念的推广，但角度概念在赋范空间中没有相应的反映。在二维及三维Eucild空间中，重要等式 $\boldsymbol{x}\cdot\boldsymbol{y}=|\boldsymbol{x}|\cdot|\boldsymbol{y}|\cos\theta$ 建立了内积与角度间的关系，这里 θ 是二维或三维向量 $\boldsymbol{x},\boldsymbol{y}$ 的夹角。因此为了将角度以及与角度有紧密联系的一些重要概念诸如直交系、直交投影、直交分解等推广到更加广泛的情形中，比较合适的办法是先将内积的概念推广到更加广泛的情形，然后利用内积反过来定义直交等概念。在泛函分析中，人们就是循着这样的思想逐步深入的。至于一般的角度概念，由于很少用到，而本书则完全没有涉及，故不详细讨论。

4.1 内积空间的基本概念与性质

定义 4.1.1 设H为实（或复）数域K上的线性空间，若H内任意一对元素x,y恒对应于K中一个数，记为$\langle x,y \rangle$满足：

(i) $\langle \alpha x, y \rangle = \alpha \langle x, y \rangle$；

(ii) $\langle x+y, z \rangle = \langle x, z \rangle + \langle y, z \rangle$，这里$x \in H$；

(iii) $\langle x, y \rangle = \langle y, x \rangle$，当$K$为实数域；

$\langle x, y \rangle = \overline{\langle y, x \rangle}$，当$K$为复数域；

(iv) $\langle x, x \rangle \geqslant 0$，且$\langle x, x \rangle = 0$的充要条件是$x = \theta$。

那么就称H为实（或复）内积空间，简称为内积空间，$\langle x, y \rangle$称为元素x与y的内积。

由内积的定义，不难证明下列事实：

1. 当K是实数域时，$\langle \alpha_1 x_1 + \alpha_2 x_2, y \rangle = \alpha_1 \langle x_1, y \rangle + \alpha_2 \langle x_2, y \rangle$，$\langle x, \alpha_1 y_1 + \alpha_2 y_2 \rangle = \alpha_1 \langle x, y_1 \rangle + \alpha_2 \langle x, y_2 \rangle$，故$\langle x, y \rangle$关于$x, y$都是线性的。

当K复数域时，$\langle x, y \rangle$关于x是线性的，关于第二个变元，则有$\langle x, \alpha_1 y_1 + \alpha_2 y_2 \rangle = \overline{\alpha_1} \langle x, y_1 \rangle + \overline{\alpha_2} \langle x, y_2 \rangle$。我们称$\langle x, y \rangle$关于$y$是反线性的或共轭线性的。

2. 当x, y中有一个等于零时，$\langle x, y \rangle = 0$。

例如，设$y = \theta$，则$\langle x, y \rangle = \langle x, \theta y \rangle = 0 \langle x, y \rangle = 0$。

3. 对任何$x \in H$，令$\|x\| = \sqrt{\langle x, x \rangle}$，则$H$按$\|\cdot\|$是一个实（或复）的赋范线性空间。

只需证明$\|\cdot\|$满足范数的全部条件。作为例子，我们证明
$$\|x+y\| \leqslant \|x\| + \|y\| \quad (x, y \in H)$$

为此，先证明下面的Schwarz不等式：
$$|\langle x, y \rangle| \leqslant \|x\| \cdot \|y\| \quad (x, y \in H) \tag{4-1}$$

为明确起见，设H是复内积空间，取复数λ，则
$$\langle x + \lambda y, x + \lambda y \rangle \geqslant 0$$

即
$$\langle x,x\rangle + \overline{\lambda}\langle x,y\rangle + \lambda\langle y,x\rangle + |\lambda|^2\langle y,y\rangle \geqslant 0$$

当$y = \theta$时，由性质2，$\langle x,y\rangle = 0$，故式(4-1)显然成立。现设$y \neq \theta$，令$\lambda = -\frac{\langle x,y\rangle}{\langle y,y\rangle}$，则
$$\langle x,x\rangle - \frac{2|\langle x,y\rangle|^2}{\langle y,y\rangle} + \frac{|\langle x,y\rangle|^2}{\langle y,y\rangle^2}\langle y,y\rangle \geqslant 0$$

因此
$$\langle x,x\rangle - \frac{|\langle x,y\rangle|^2}{\langle y,y\rangle} \geqslant 0$$

或
$$|\langle x,y\rangle|^2 \leqslant \langle x,x\rangle \cdot \langle y,y\rangle$$

两边开平方，便得不等式(4-1)。

由式(4-1)，对任意$x,y \in H$，有
$$\|x+y\|^2 = |\langle x+y,x+y\rangle| = |\langle x+y,x\rangle + \langle x+y,y\rangle|$$
$$\leqslant |\langle x+y,x\rangle| + |\langle x+y,y\rangle|$$
$$\leqslant \|x+y\| \cdot \|x\| + \|x+y\| \cdot \|y\|$$

故
$$\|x+y\| \leqslant \|x\| + \|y\|$$

因此H按照$\|\cdot\|$是一个赋范线性空间，我们称$\|\cdot\|$是由H的内积导出的范数，今后我们说内积空间H是赋范线性空间，如不特别声明，均指按照H的内积导出的范数$\|\cdot\|$而言。

4. 内积$\langle x,y\rangle$是关于x,y的连续函数。

设$\{x_n\},\{y_n\}$是H中的点列分别依范数收敛于$x,y \in H$，由
$$|\langle x_n,y_n\rangle - \langle x,y\rangle|$$
$$\leqslant |\langle x_n,y_n\rangle - \langle x,y_n\rangle| + |\langle x,y_n\rangle - \langle x,y\rangle|$$
$$\leqslant \|x_n - x\| \cdot \|y_n\| + \|x\| \cdot \|y_n - y\| \to 0 \quad (n \to \infty)$$

可知，$\langle x,y\rangle$是x,y的连续函数。注意，证明中用到了$\{\|y_n\|\}$有界这一显然的事实。

5. 内积与范数有下列基本关系:

当K为实数域时,
$$\langle x,y\rangle = \frac{1}{4}(\|x+y\|^2 - \|x-y\|^2) \tag{4-2}$$

当K为复数域时,
$$\langle x,y\rangle = \frac{1}{4}(\|x+y\|^2 - \|x-y\|^2 + i\|x+iy\|^2 - i\|x-iy\|^2) \tag{4-3}$$

通过直接验算可以证明这两个关系,有了这两个关系,当我们获得了关于范数的某些结论时,往往可以容易地将它们化到内积空间上去。式(4-2)及式(4-3)均称为极化恒等式。

内积空间H作为赋范线性空间,如果是无限维且完备,则称它为Hilbert空间,如果H作为赋范线性空间不完备,则由第1章,H有完备化空间,记为H_0,H_0是一个Banach空间,在H_0中可以适当地定义内积使它成为Hilbert空间。事实上对任意$x,y \in H_0$,有H_0中的基本列$\{x_n\},\{y_n\}$,使$\{x_n\} \to x, \{y_n\} \to y$,利用类似于4中的方法,不难证明$\{\langle x_n,y_n\rangle\}$是基本序列,故有有限极限,记

$$\langle x,y\rangle = \lim_{n\to\infty} \langle x_n,y_n\rangle \tag{4-4}$$

可以证明$\langle x,y\rangle$的值与$\{x_n\},\{y_n\}$的选择无关且$\langle \cdot,\cdot \rangle$满足内积的全部条件。因此,$H_0$按照式(4-4)定义的内积$\langle \cdot,\cdot \rangle$是一个内积空间,又因$H_0$完备,故为Hilbert空间。所以,对任何内积空间H,都存在Hilbert空间H_0,使H_0是H的完备化内积空间,而且除去等距同构不计外,H_0是唯一的。

如果H是无限维非完备的内积空间,则称它为准Hilbert空间,以后凡提到内积空间时,均指它可以是完备的,也可以是不完备的。

下面介绍几个常见的内积空间。

例 4.1.1 酉空间$\mathbf{C}^n$

关于$\mathbf{C}^n$我们已多次讨论过,在$\mathbf{C}^n$中定义内积:

$$\langle x,y\rangle = \sum_{k=1}^{n} \xi_k \eta_k \tag{4-5}$$

其中$x = (\xi_1,\xi_2,\cdots,\xi_n), y = (\eta_1,\eta_2,\cdots,\eta_n)$。容易证明,由式(4-5)定义的$\langle \cdot,\cdot \rangle$满足内积的全部条件,故$\mathbf{C}^n$按照式(4-5)的内积$\langle \cdot,\cdot \rangle$是一个内积空

间，按照线性代数常用的术语，称$\mathbf{C}^n$为酉空间。由式(4-5)导出的范数是
$$\|x\| = (\sum_{k=1}^{n} |\xi_k|^2)^{\frac{1}{2}}$$

例 4.1.2 空间l^2

在第2章中，作为例子，我们曾经研究了空间$l^p(1 \leqslant p < \infty)$。现在设$p=2$，于是得到空间$l^2$，它是由满足
$$\|x\|^2 = \sum_{n=1}^{\infty} |\xi_n|^2 < \infty$$
的一切序列$x = \{\xi_1, \xi_2, \cdots, \xi_n, \cdots\}$构成的集合，$l^2$按照第2章定义的范数$\|\cdot\|$是一个可分的 Banach空间。现在在$l^2$中引入内积。任取$l^2$中的元素$x = \{\xi_1, \xi_2, \cdots, \xi_n, \cdots\}$, $y = \{\eta_1, \eta_2, \cdots, \eta_n, \cdots\}$。由Schwarz不等式
$$\sum_{n=1}^{\infty} |\xi_n \eta_n| \leqslant (\sum_{n=1}^{\infty} |\xi_n|^2)^{\frac{1}{2}} (\sum_{n=1}^{\infty} |\eta_n|^2)^{\frac{1}{2}}$$
可知，级数$\sum_{n=1}^{\infty} \xi_n \eta_n$绝对收敛，我们规定$x$与$y$的内积为
$$\langle x, y \rangle = \sum_{n=1}^{\infty} \xi_n \eta_n$$
因右端的级数绝对收敛，$\langle x, y \rangle$为有限数，其次不难验证，$\langle \cdot, \cdot \rangle$满足内积的全部条件，因此$l^2$按照$\langle \cdot, \cdot \rangle$是一个内积空间，又因$l^2$是无限维、完备、可分的，故它是一个可分的Hilbert空间。

例 4.1.3 空间$L^2[a,b]$

在第2章中，作为例子，我们曾研究了空间$L^p[a,b](1 \leqslant p < \infty)$。今设$p=2$，于是得到空间$L^2[a,b]$，它是由满足
$$\|x\|^2 = \int_a^b |x(t)|^2 \mathrm{d}t < \infty$$
的一切函数$x(\cdot)$构成的集合，而且$L^2[a,b]$按照由第2章定义的范数$\|\cdot\|$是一个可分的Banach空间，现在在$L^2[a,b]$中引入内积，任取$L^2[a,b]$中的函数$x(\cdot), y(\cdot)$，由Schwarz不等式
$$\int_a^b |x(t)\overline{y(t)}| \mathrm{d}t \leqslant (\int_a^b |x(t)|^2 \mathrm{d}t)^{\frac{1}{2}} (\int_a^b |y(t)|^2 \mathrm{d}t)^{\frac{1}{2}}$$

可知，$x(t)\overline{y(t)}$在$[a,b]$上是可积的，我们规定x与y的内积为

$$\langle x,y\rangle = \int_a^b x(t)\overline{y(t)}\mathrm{d}t$$

于是$\langle x,y\rangle$是有限数且不难证明$\langle \cdot,\cdot\rangle$满足内积的全部条件，因此$L^2[a,b]$按照$\langle \cdot,\cdot\rangle$是一个内积空间，又因$L^2[a,b]$是无限维、完备、可分的，故它是一个可分的Hilbert空间。

例 4.1.4 空间$L^2([a,b];\omega(\cdot))$

设$\omega(\cdot)$是定义在$[a,b]$上的正值可测函数，$x(\cdot)$是定义在$[a,b]$上且满足下列条件的复值可测函数：

$$\|x\|^2 = \int_a^b \omega(t)|x(t)|^2\mathrm{d}t < \infty$$

我们称$x(\cdot)$是以$\omega(\cdot)$为权的平方可积函数。将$[a,b]$上以$\omega(\cdot)$为权的一切平方可积函数构成的集合记为$L^2([a,b];\omega(\cdot))$。任取$L^2([a,b];\omega(\cdot))$中的函数$x(\cdot),y(\cdot)$，则下面的广义Schwarz不等式成立：

$$\int_a^b \omega(t)|x(t)\overline{y(t)}|\mathrm{d}t$$
$$\leqslant (\int_a^b \omega(t)|x(t)|^2\mathrm{d}t)^{\frac{1}{2}}(\int_a^b \omega(t)|y(t)|^2\mathrm{d}t)^{\frac{1}{2}}$$

（事实上，只需对函数$x^0(t)=[\omega(t)]^{\frac{1}{2}}x(t)$及$y^0(t)=[\omega(t)]^{\frac{1}{2}}y(t)$运用Schwarz不等式即可）。由广义的Schwarz不等式可知，$\omega(t)x(t)\overline{y(t)}$可积。我们规定$x$与$y$的内积为

$$\langle x,y\rangle_\omega = \int_a^b \omega(t)x(t)\overline{y(t)}\mathrm{d}t \tag{4-6}$$

于是$\langle x,y\rangle_\omega$是有限数且$\langle \cdot,\cdot\rangle_\omega$满足内积的全部条件，因此$L^2([a,b];\omega(\cdot))$按照式(4-6)定义的内积$\langle \cdot,\cdot\rangle_\omega$是一个内积空间。还可以证明$L^2([a,b];\omega(\cdot))$按照范数$\|x\|_\omega = \sqrt{\langle x,x\rangle_\omega}$所导出的距离是完备的，因此它是Hilbert空间。

4.2 内积空间的特征

设H为内积空间，我们已经指出，H按照由它的内积导出的范数是一个赋范线性空间。自然要问：任给一个赋范线性空间，它的范数$\|\cdot\|$应具有什么特征，才能使它成为内积空间，而且范数$\|\cdot\|$就是由该内积空间的

内积导出？

引理 4.2.1 设$f(\cdot)$是定义在$\mathbf{R}$上的实函数，连续且对任意的$\alpha_1, \alpha_2 \in \mathbf{R}$, 有$f(\alpha_1 + \alpha_2) = f(\alpha_1) + f(\alpha_2)$，则对任何$\alpha \in \mathbf{R}, f(\alpha) = \alpha f(1)$。

证 由假设，对任何自然数n及任何实数α，有
$$f(n\alpha) = nf(\alpha)$$
取$\alpha = \frac{1}{n}$，有
$$f(1) = nf(\frac{1}{n}) \; or \; f(\frac{1}{n}) = \frac{1}{n}f(1)$$
于是对任何有理数$\frac{n}{m}$，有
$$f(\frac{n}{m}) = \frac{n}{m}f(1)$$
又因$f(0) = f(2 \cdot 0) = 2f(0)$，故$f(0) = 0$，由$f(\alpha) + f(-\alpha) = f(0) = 0$可知$f(-\alpha) = -f(\alpha)$。于是对任何有理数$\frac{n}{m}$，有
$$f(\frac{n}{m}) = \frac{n}{m}f(1)$$
由于f连续，故对一切实数α，$f(\alpha) = \alpha f(1)$。证毕。

定理 4.2.1 设E是内积空间，则由E中内积导出的范数$\|\cdot\|$满足
$$\|x + y\|^2 + \|x - y\|^2 = 2\|x\|^2 + 2\|y\|^2 \tag{4-7}$$
其中x, y是E中任意两个元素。反之，设E是赋范线性空间，如果E中的范数满足式(4-7)，则在E中可以定义内积$\langle \cdot, \cdot \rangle$使$E$成为内积空间且$E$中原来的范数就是由 内积$\langle \cdot, \cdot \rangle$导出的。

注 式(4-7)称为中线公式或平行四边形公式。

证 设E是内积空间，由内积的几个条件，有
$$\begin{aligned}
&\|x + y\|^2 + \|x - y\|^2 \\
&= \langle x + y, x + y \rangle + \langle x - y, x - y \rangle \\
&= \langle x, x + y \rangle + \langle y, x + y \rangle + \langle x, x - y \rangle + \langle -y, x - y \rangle \\
&= [\langle x, x + y \rangle + \langle x, x - y \rangle] + [\langle y, x + y \rangle - \langle y, x - y \rangle] \\
&= 2\|x\|^2 + 2\|y\|^2
\end{aligned}$$
必要性成立。

今设逆命题，我们只讨论E是复赋范线性空间的情形，由内积与范数的关系式(4-7)，要在E中定义内积，自然应该令
$$\langle x,y\rangle = \frac{1}{4}(\|x+y\|^2 - \|x-y\|^2 + i\|x+iy\|^2 - i\|x-iy\|^2) \quad (4\text{-}8)$$
其中x,y。关键在于验证$\langle \cdot,\cdot \rangle$满足内积的全部条件。由式(4-7)，对$x,y,z\in E$，有

$$\langle x,z\rangle + \langle y,z\rangle$$
$$= \tfrac{1}{4}(\|x+z\|^2 - \|x-z\|^2 + i\|x+iz\|^2 - i\|x-iz\|^2)$$
$$+ \tfrac{1}{4}(\|y+z\|^2 - \|y-z\|^2 + i\|y+iz\|^2 - i\|y-iz\|^2)$$
$$= \tfrac{1}{2}(\|\tfrac{x+y}{2}+z\|^2 - \|\tfrac{x+y}{2}-z\|^2) + \tfrac{i}{2}(\|\tfrac{x+y}{2}+iz\|^2 - \|\tfrac{x+y}{2}-iz\|^2)$$
$$= 2\langle \frac{x+y}{2}, z\rangle \quad (4\text{-}9)$$

由式(4-7)，$\langle \theta, z\rangle = 0$，在式(4-9)中，令$y=\theta$，得到
$$\langle x,z\rangle = 2\langle \frac{x}{2}, z\rangle$$
再将其中的x换成$x+y$，有
$$\langle x+y, z\rangle = 2\langle \frac{x+y}{2}, z\rangle$$
可得
$$\langle x,z\rangle + \langle y,z\rangle = \langle x+y, z\rangle \quad (4\text{-}10)$$
故内积的条件(ii)成立。

现在令$f(\alpha) = \langle \alpha x, y\rangle$（$\alpha$为实数）。由式(4-10)可知，对任意两个实数$\alpha_1, \alpha_2$，$f(\alpha_1 + \alpha_2) = f(\alpha_1) + f(\alpha_2)$，$\langle x,y\rangle$关于$x$是连续的，故$f$连续。由引理4.2.1，对任何实数$\alpha$，$f(\alpha) = \alpha f(1)$，因此
$$\langle \alpha x, y\rangle = \alpha \langle x, y\rangle \quad (4\text{-}11)$$
由性质$\|ix\| = \|x\|$，可得
$$\langle ix, y\rangle$$
$$= \tfrac{1}{4}(\|ix+y\|^2 - \|ix-y\|^2 + i\|ix+iy\|^2 - i\|ix-iy\|^2)$$
$$= \tfrac{1}{4}(\|x-iy\|^2 - \|x+iy\|^2 + i\|x+y\|^2 - i\|x-y\|^2)$$
$$= \tfrac{i}{4}(\|x+y\|^2 - \|x-y\|^2 + i\|x+iy\|^2 - i\|x-iy\|^2) = i\langle x,y\rangle \quad (4\text{-}12)$$

于是当α是复数时，式(4-11)仍成立，故内积的条件(i)成立。类似地，我们还可以证明
$$\langle x,y \rangle = \overline{\langle y,x \rangle}$$
$$\langle x,x \rangle = \|x\|^2$$
故内积的条件(iii)、(iv)成立。因此E按照式(4-8)定义的内积是一个内积空间。不难验证，由内积(4-8)导出的范数就是E原来的范数。证毕。

注 如果E是实赋范线性空间且满足式(4-7)，只要令
$$\langle x,y \rangle = \frac{1}{4}(\|x+y\|^2 - \|x-y\|^2) \tag{4-13}$$
便可以证明，E按照式(4-13)是一个实内积空间，而且由内积(4-13)导出的范数就是E原来的范数。

并非任一赋范线性空间的范数都能由内积导出。

例 4.2.1 在空间$C[0,\frac{\pi}{2}]$中，取
$$x(t) = \sin t, \quad y(t) = \cos t$$
则
$$\|x\| = \|y\| = 1$$
及
$$\|x+y\|^2 = \max_{0 \leqslant t \leqslant \frac{\pi}{2}} |\sin t + \cos t| = \sqrt{2}$$
$$\|x-y\|^2 = \max_{0 \leqslant t \leqslant \frac{\pi}{2}} |\sin t - \cos t| = 1$$
因此
$$\|x+y\|^2 + \|x-y\|^2 \neq 2(\|x\|^2 + \|y\|^2)$$
所以在空间$C[0,\frac{\pi}{2}]$上不能定义内积，使得由它产生的范数是$C[0,\frac{\pi}{2}]$的范数。

例 4.2.2 当$p \neq 2$时，l^p不成为内积空间。

事实上，令$x = (1,1,0,\cdots), y = (1,-1,0,\cdots)$，则$x,y \in l^p$，且$\|x\| = \|y\| = 2^{\frac{1}{p}}$，但$\|x+y\| = \|x-y\| = 2$。故不满足平行四边形公式，说明$l^p$中范数不能由内积导出，因而不是内积空间。

例 4.2.3 $C[a,b]$ 按 $\|x\| = \max\limits_{a \leqslant t \leqslant b} |x(t)|$ 不成为内积空间。

事实上，令 $x(t) = 1, y(t) = \frac{t-a}{b-a}$，则 $x, y \in C[a,b]$，且 $\|x\| = \|y\| = 1$，但因为

$$x(t) + y(t) = 1 + \frac{t-a}{b-a}$$

$$x(t) - y(t) = 1 - \frac{t-a}{b-a}$$

故 $\|x+y\| = 2, \|x-y\| = 1$ 不满足平行四边形公式，故不是内积空间。

这两节引进并讨论了内积空间的基本概念与基本性质，希望读者注意：

1. 内积空间是空间 $\mathbf{R}^n$，$\mathbf{C}^n$ 的推广，且这种推广是重要的、有意义的。由于内积的引进，一方面可以由它导出范数，使得内积空间成为一类特殊的赋范线性空间，另一方面可以利用它定义直交，这就使得内积空间保留并继承了空间 $\mathbf{R}^n$，$\mathbf{C}^n$ 以及一般赋范空间很多有用的性质；

2. 非完备的内积空间都可以完备化而成为 Hilbert 空间，而且除去等距同构不计外，完备化后获得的 Hilbert 空间是唯一的；

3. 并非任一赋范空间的范数都能由内积导出，故研究范数可以由内积导出的条件是有意义的。作为例子，本节提出了一个充分必要条件。

4.3 内积空间中的正交和正交系

利用内积可以引进正交。本节的目的就是要引进这一概念，并讨论 Hilbert 空间的一个重要特征-正交分解。

4.3.1 正交与正交分解

定义 4.3.1 内积空间 H 中的元素 x, y 叫作正交，是指 x 与 y 的内积等于零，即 $\langle x, y \rangle = 0$，记为 $x \perp y$。设 M 是 H 的一个子集，若 x 与 M 内的任一元素正交，则称 x 与 M 正交，记为 $x \perp M$。设 N 也是 H 的一个子集，如果对任意的 $x \in M$，任意的 $y \in N$，有 $x \perp y$，则称 M 与 N 正交，记为 $M \perp N$。H 中与 M 正交的元素的全体叫作 M 的正交余，记为 $M^\perp$。

由定义 4.3.1 容易证明：

1. 设H中的元素$x_1, x_2, \cdots, x_n$相互正交，记$x = x_1 + x_2 + \cdots + x_n$，则
$$\|x\|^2 = \|x_1\|^2 + \|x_2\|^2 + \cdots + \|x_n\|^2$$
这是勾股定理在内积空间中的推广；

2. 若H中的元素x与H中一个稠密子集L正交，则$x = \theta$；

3. 对任何子集$M \subset H$，其正交余$M^\perp$是H的闭子空间。

我们只证明2、3，而将1留给读者作为练习。

性质2的证明。因L在H中稠密，故存在点列$\{x_n\} \subset L (n = 1, 2, 3, \cdots)$收敛于$x \in H$，由内积的连续性，有
$$\langle x, x \rangle = \lim_{n \to \infty} \langle x, x_n \rangle = 0$$
故$x = \theta$。

性质3的证明。设$x, y \in M^\perp$，则对任何$z \in M$，
$$\langle \alpha x + \beta y, z \rangle = \alpha \langle x, z \rangle + \beta \langle y, z \rangle = 0$$
故$\alpha x + \beta y \in M^\perp$。现在设$x$属于$M^\perp$的闭包，则存在点列$\{x_n\} \subset M^\perp$收敛于$x$，由内积的连续性，对$\forall z \in M$，有
$$\langle x, z \rangle = \lim_{n \to \infty} \langle x_n, z \rangle = 0$$
故$x \in M^\perp$，$M^\perp$是H的闭子空间。证毕。

设E是内积空间H的一个子集，$x \in H$为给定的元素，如果E中存在元素y使
$$\|x - y\| = \inf_{z \in E} \|x - z\|$$
则称y是x在E中的一个最佳逼近元。

仍设E是H的一个子集，如果对任意的$y_1, y_2 \in E$，以及满足$0 \leqslant \alpha \leqslant 1$的任意实数$\alpha$，元素$\alpha y_1 + (1 - \alpha) y_2$仍属于$E$，则称$E$是$H$中的凸集。如果$E$既是凸集，又是闭集，则称$E$是$H$中的闭凸集。

Hilbert空间中的闭凸集有下述重要特性。

定理 4.3.1 设E是Hilbert空间H中的闭凸集，则H中的任一元素x在E中存在唯一的最佳逼近元。

证 令
$$\alpha = \inf_{z \in E} \|x - z\|$$

则存在点列$\{y_n\} \subset E$，使$\|x - y_n\| \to \alpha$。由于E是凸集，故$\frac{y_n + y_m}{2} \in E$，因此

$$\|x - \frac{y_n + y_m}{2}\| \geqslant \alpha$$

在中线公式中将x换成$y_m - x$，将y换成$x - y_n$，则有

$$\begin{aligned}
\|y_m - y_n\|^2 &= \|y_m - x + x - y_n\|^2 \\
&= 2\|y_m - x\|^2 + 2\|x - y_n\|^2 - 4\|x - \frac{y_n + y_m}{2}\|^2 \\
&\leqslant 2\|y_m - x\|^2 + 2\|x - y_n\|^2 - 4\alpha^2
\end{aligned}$$

因为当$m, n \to \infty$时，$\|y_m - x\| \to \alpha$, $\|x - y_n\| \to \alpha$,故

$$\|y_m - y_n\| \to 0 (n, m \to \infty)$$

因此$\{y_n\}$是基本点列，它在H中有极限，记为y。因E是闭集，故$y \in E$。由等式

$$\|x - y\| = \lim_{n \to \infty} \|x - y_n\| = \alpha$$

可知，y是x在E中的最佳逼近元。最佳逼近元的存在性得证。

现在证明唯一性。设y'也是x在E中的最佳逼近元，仍由中线公式，有

$$\begin{aligned}
0 \leqslant \|y - y'\|^2 &= \|y - x + x - y'\|^2 \\
&= 2\|y - x\|^2 + 2\|x - y'\|^2 - 4\|x - \frac{y + y'}{2}\|^2 \\
&\leqslant 2\alpha^2 + 2\alpha^2 - 4\alpha^2 = 0
\end{aligned}$$

故$y - y' = \theta$，即$y = y'$。最佳逼近元唯一。证毕。

由定理 4.3.1可以得到下面重要的正交分解定理。

定理 4.3.2 设M是Hilbert空间H的闭子空间，则H对中任一元素x，有下列唯一的正交分解

$$x = y + z, y \in M, z \in M^\perp \tag{4-14}$$

y称为x在M中的正交投影。

证 由假设，M是H的闭子空间，故为闭凸集。由定理4.3.1，x在M中存在唯一的最佳逼近元y，记$\alpha = \|x-y\| = \inf\limits_{u \in M}\|x-u\|$。由于$y \in M$，于是对任一数$\lambda$以及任一元素$u \in M, y + \lambda u \in M$，故

$$\alpha^2 \leqslant \|x - (y + \lambda u)\|^2$$
$$= \|x-y\|^2 - \overline{\lambda}\langle x-y, u\rangle - \lambda\langle u, x-y\rangle + |\lambda|^2\|u\|^2$$

取$\lambda = \frac{\langle x-y,u \rangle}{\|u\|^2}$，并注意到$\|x-y\| = \alpha$，得

$$\alpha^2 \leqslant \alpha^2 - \frac{|\langle x-y, u\rangle|^2}{\|u\|^2}$$

于是

$$|\langle x-y, u\rangle|^2 \leqslant 0$$

显然只有当$\langle x-y, u \rangle = 0$，上式才能成立。注意到$u$是$M$中的任一元素，故$x - y \perp M$，令$z = x - y$，便有

$$x = y + z, y \in M, z \in M^\perp$$

正交分解的存在性得到证明。

现在证正交分解的唯一性。设另有分解$x = y' + z'$，其中$y' \in M, z' \in M^\perp$，由

$$y + z = y' + z'$$

可得$y - y' = z' - z$。由于$y - y' \in M, z' - z \in M^\perp$，故$\langle y-y', y-y'\rangle = \langle y-y', z'-z\rangle = 0$，因此$y = y'$。由此有$z = z'$，所以分解是唯一的。证毕。

注 正交分解定理又称投影定理，是Hilbert空间理论中的一个极其重要的基本定理。根据投影定理，可以建立Hilbert空间的闭线性子空间与投影算子的一一对应，使空间之间的关系与投影算子之间的关系完全对应起来，使得可以把线性闭子空间与投影算子同等对待。但投影定理仅在Hilbert空间中成立，在一般的Banach空间不成立，因为在Banach空间中没有正交概念。

4.3.2 内积空间中的标准正交系

定义 4.3.2 设$\{x_i : i \in I\} \subset X$。若当$i \neq j$时，$x_i \perp x_j$，则称$\{x_i\}$为

内积空间X正交系（或称正交集、正交组）。若$\{x_i\}$是正交系且$\|x_i\|=1(\forall i \in I)$，则称$\{x_i\}$为标准正交系。

下面是Hilbert空间理论中最重要的基本定理之一。

定理 4.3.3 设$\{e_i: i \in N\}$是Hilbert空间H中的标准正交系，则以下条件互相等价：

(i)对每个$x \in H$有以下Fourier展开式
$$x = \sum_{i=1}^{\infty} \widetilde{x}_i e_i \tag{4-15}$$

其中$\widetilde{x}_i \triangleq \langle x, e_i \rangle (i=1,2,\cdots)$称为$x$关于$\{e_i\}$的Fourier系数。

(ii)$\{e_i\}$是H的基本集。

(iii)$\{e_i\}$是极大正交系，即若$x \perp e_i(i=1,2,\cdots)$，则必有$x=0$。

(iv)任给$x \in X$，成立以下Parseval等式：
$$\|x\|^2 = \sum_{i=1}^{\infty} |\widetilde{x}_i|^2 \tag{4-16}$$

证 显然(i)$\Rightarrow$(ii)。

(ii)$\Rightarrow$(iii)。设条件(ii)满足，$x \perp e_i(i=1,2,\cdots)$。取$\{x_n\} \subset X$，使$x_n \to x(n \to \infty)$，且每个$x_n$是$\{e_i\}$的有限线性组合，则必有$\langle x, x_n \rangle = 0(n=1,2,\cdots)$，从而
$$\|x\|^2 = \lim_n \langle x, x_n \rangle = 0$$

这推出$x=0$。

(iii)$\Rightarrow$(i)。设条件(iii)满足。取定$x \in H$，令$s_n = \sum_1^n \widetilde{x}_i e_i$。又直接计算得出
$$\|x\|^2 - \|s_n - x\|^2 = \|s_n\|^2 = \sum_{i=1}^n |\widetilde{x}_i|^2, n=1,2,\cdots \tag{4-17}$$

式(4-17)推出
$$\sum_{i=1}^{\infty} |\widetilde{x}_i|^2 = \lim_n \|s_n\|^2 \leqslant \|x\|^2$$

可见级数 $\sum\limits_{i=1}^{\infty}|\widetilde{x}_i|^2$ 收敛。这又推出当 $m > n$ 时，

$$\|s_m - s_n\|^2 = \|\sum_{n<i\leqslant m} \widetilde{x}_i e_i\|^2$$
$$= \|\sum_{n<i\leqslant m} \widetilde{x}_i\|^2 \to 0 (m, n \to \infty)$$

因此 $\{s_n\}$ 是 Cauchy 列。设 $s_n \to y(n \to \infty)$，任给 $i \in N$，有

$$\langle y - x, e_i \rangle = \lim_{n\to\infty} \langle s_n - x, e_i \rangle$$
$$= \lim_{n\to\infty} \langle \sum_{j=1}^{n} \widetilde{x}_j e_j, e_i \rangle - \widetilde{x}_i = 0$$

于是由条件(iii)推出 $y - x = 0$，即 $s_n \to x(n \to \infty)$，这正表明 Fourier 展开式(4-15)成立。

式(4-17)直接推出 $s_n \to x \Leftrightarrow \|s_n\|^2 \to \|x\|^2$，这正说明(i)⇒(iv)。

当 $\{e_i\}$ 满足定理 4.3.3 中条件(i)时，称它为 H 的标准正交基。定理 4.3.3 表明，若 $\{e_i\}$ 是 H 的标准正交基，则每个 $x \in H$ 有依 $\{e_i\}$ 的分解式(4-15)、模长公式(4-16)及易推出的内积公式

$$\langle x, y \rangle = \sum_i \widetilde{x}_i \overline{\widetilde{y}}_i \tag{4-18}$$

由此可见，标准正交基正好起着 Euclid 空间中直角坐标系的作用，序列 $(\widetilde{x}_i)$ 相当于 x 关于基 $\{e_i\}$ 的"直角坐标"，有时就称为 x 关于基 $\{e_i\}$ 的正交坐标。对应

$$T: X \to l^2, x \to (\widetilde{x}_i)$$

显然是一等距同构，这一同构保持内积的对应

$$\langle Tx, Ty \rangle = \langle x, y \rangle$$

因而 H 与 l^2 作为 Hilbert 空间实质上并无不同。这样，借助于标准正交基实现了从 H 到 l^2 的转化。

以上结论的前提是某个标准正交基 $\{e_i\}$ 存在。然而，必定有这样的基存在吗？回答是肯定的。而且有求出标准正交基的普遍方法。设 X 是一个可分的无限维 Hilbert 空间。取线性无关的无限序列 $\{x_n\} \subset X$，使 $\{x_n\}$ 是 X 的基本集，然后依如下的 Schimidt 正交化方法将其标准正交

化：令
$$\begin{cases} y_1 = x_1; \\ y_n = x_n - \sum_{i=1}^{n-1} \frac{\langle x_n, y_i \rangle}{\langle y_i, y_i \rangle} y_i, n = 2, 3, \cdots; \\ e_n = y_n / \|y_n\|, n = 1, 2, \cdots \end{cases}$$

则$\{e_i\}$是一标准正交系且必满足定理 4.3.3中的条件(ii)，因此是X的标准正交基。

例 4.3.1 $L^2[a,b]$是一个可分的无限维Hilbert空间。$L^2[a,b]$中常用的两类标准正交基是：

1. 多项式系。取$u_n = x^n, n = 0, 1, \cdots$，则$\{u_n\}$线性无关，且是$L^2[a,b]$的基本集。用Schmidt正交化方法得出一多项式系，它构成$L^2[a,b]$的标准正交基。当$[a,b] = [-1,1]$时，所得的标准正交基就是著名的Legender多项式系$\{L_n\}$。

2. 三角函数系。取$u_n = \frac{1}{\sqrt{2l}} e^{\frac{i\pi x}{l}}, l = \frac{b-a}{2}, i = \sqrt{-1}$，$n = 0, \pm 1, \pm 2, \cdots$，则$\{y_n\}$是一标准正交系，且是$L^2[a,b]$的基本集，因此是$L^2[a,b]$的标准正交基。$u \in L^2[a,b]$关于$\{u_n\}$的Fourier展开式就是$u$在通常意义下的复数形式的Fourier级数。

注 如果说，标准正交基提供了向量沿互相正交的"坐标轴"的分解式，那么定理 4.3.3则提供了向量沿两个互相正交的子空间的分解式。

第 4 章 Hilbert空间

习题四

1. 设H是Hilbert空间，M是H的闭子空间。证明：M是H上某个非零连续线性泛函的零空间，当且仅当$M^\perp$是一维子空间。

2. 设M是Hilbert空间H的线性子空间，f是M上的有界线性泛函。证明：f有且只有一个到H上的保范延拓，使得这个延拓在$M^\perp$上为零。

3. 设M是Hilbert空间H中的非空子集，证明：$(M^\perp)^\perp$是包含M的最小闭子空间。

4. 设H是内积空间，M是H的线性子空间。证明：如果对于每一个$x \in H$，它在M上的正交投影存在，则M必是闭子空间。

5. 证明：在可分内积空间中，任一标准正交系最多为一可数集。

6. 设$\{e_\alpha\}, \alpha \in I$是内积空间$H$中的标准正交系。证明：对于每一个$x \in H$，$x$关于这个标准正交系的 Fourier 系数$\{\langle x, e_\alpha \rangle : \alpha \in I\}$中最多有可数个不为零。

7. 设H是Hilbert空间，$x_0, x_n \in H (n = 1, 2, \cdots)$，当$n \to \infty$时，$x_n \rightharpoonup x_0$且$\|x_n\| \to \|x_0\|$。证明：
$$x_n \to x_0 (n \to \infty)$$

8. 设T是Hilbert空间H上的线性算子且对所有$x, y \in H$，
$$\langle Tx, y \rangle = \langle x, Ty \rangle$$
证明：T是有界算子。

9. 设$\{x_n\}$是内积空间H中的一列点，且对一切$y \in H$，有$\langle x_n, y \rangle \to \langle x, y \rangle (n \to \infty)$。证明：$\lim\limits_{n \to \infty} x_n = x$的充要条件是$\lim\limits_{n \to \infty} \|x_n\| = \|x\|$。

10. 设H是实内积空间，x, y是H中的非零元，证明：$\|x + y\| = \|x\| + \|y\|$的充要条件是存在$\lambda > 0$，使得$y = \lambda x$。

11. 设$T : X \to X$是有界线性算子，X为复内积空间，证明：若$\forall x \in X$，有$\langle Tx, x \rangle = 0$，则$T = 0$。

12. 设H为内积空间，$y \in H$，H上的泛函f_y定义为$f_y(x) = \langle x, y \rangle, x \in H$，证明：$f_y$是$H$上的连续线性泛函，且$\|f_y\| = \|y\|$。

13. 对于内积空间H,证明下列条件等价：

（1）$x \perp y$；

（2）$\|x + \alpha y\| \geqslant \|x\|$，$\forall \alpha \in \boldsymbol{C}$；

（3）$\|x + \alpha y\| = \|x - \alpha y\|$，$\forall \alpha \in \boldsymbol{C}$。

14. 设X和Y是Hilbert空间H的线性子空间，令$X + Y = \{x + y : x \in X, y \in Y\}$。证明：$(X + Y)^\perp = X^\perp \cap Y^\perp$。

参 考 文 献

[1] 郑维行，王声望. 实变函数与泛函分析概要[M]. 北京：高等教育出版社，1989.

[2] 夏道行，严绍宗，吴卓人，等. 实变函数论与泛函分析（下册）[M]. 北京：高等教育出版社，1984.

[3] 陈纪修，於崇华，金路. 数学分析[M]. 北京：高等教育出版社，2004.

[4] 黄振友，杨建新，华踏红. 泛函分析[M]. 北京：科学出版社，2004.

[5] 李广民，刘三阳. 应用泛函分析原理[M]. 西安：西安电子科技大学出版社，2003.

[6] 刘炳初. 泛函分析[M]. 北京：科学出版社，1998.

[7] 江泽坚，孙善利. 泛函分析[M]. 北京：高等教育出版社，1998.

[8] 汪林. 泛函分析中的反例[M]. 北京：高等教育出版社，1994.